总主编 伍 江 副总主编 雷星晖

贾远林 陈世鸣 著

体外预应力钢–混凝土组合梁负弯矩区失稳
的基础理论研究

Fundamental Research on Instability of
Steel-Concrete Composite Beams Prestressed with
External Tendons Under Negative Bending

同济大学 出版社
TONGJI UNIVERSITY PRESS

内 容 提 要

本书是有关体外预应力钢-混凝土组合梁负弯矩区失稳的理论著作,共 7 章,阐述了预应力钢-混凝土组合梁负弯矩下有限元建模、整体失稳、极限承载力以及局部屈曲的延性。主要以两跨连续梁和三跨连续梁为研究对象,采用应变片和位移计对多根梁进行了研究,建立了相关的模拟计算公式。

本书适合土木工程、工程力学及相关专业的专业人士作为参考资料,也可供对此有兴趣的研究者阅读。

图书在版编目(CIP)数据

体外预应力钢-混凝土组合梁负弯矩区失稳的基础理论研究 / 贾远林,陈世鸣著. —上海:同济大学出版社,2017.8

(同济博士论丛 / 伍江总主编)

ISBN 978 - 7 - 5608 - 6828 - 8

Ⅰ. ①体… Ⅱ. ①贾… ②陈… Ⅲ. ①体外预应力-预应力混凝土桥-组合梁-弯矩-屈曲-研究 Ⅳ. ①TU323.3

中国版本图书馆 CIP 数据核字(2017)第 059452 号

体外预应力钢-混凝土组合梁负弯矩区失稳的基础理论研究

贾远林　陈世鸣　著

出 品 人　华春荣　　责任编辑　马继兰　胡晗欣
责任校对　徐春莲　　封面设计　陈益平

出版发行　同济大学出版社　　www.tongjipress.com.cn
　　　　　(地址:上海市四平路 1239 号　邮编:200092　电话:021 - 65985622)
经　　销　全国各地新华书店
排版制作　南京展望文化发展有限公司
印　　刷　浙江广育爱多印务有限公司
开　　本　787 mm×1092 mm　1/16
印　　张　13.25
字　　数　265 000
版　　次　2017 年 8 月第 1 版　　2017 年 8 月第 1 次印刷
书　　号　ISBN 978 - 7 - 5608 - 6828 - 8

定　　价　63.00 元

"同济博士论丛"编写领导小组

"同济博士论丛"编辑委员会

袁万城　莫天伟　夏四清　顾　明　顾祥林　钱梦騄
徐　政　徐　鉴　徐立鸿　徐亚伟　凌建明　高乃云
郭忠印　唐子来　闾耀保　黄一如　黄宏伟　黄茂松
戚正武　彭正龙　葛耀君　董德存　蒋昌俊　韩传峰
童小华　曾国荪　楼梦麟　路秉杰　蔡永洁　蔡克峰
薛　雷　霍佳震

秘书组成员：谢永生　赵泽毓　熊磊丽　胡晗欣　卢元姗　蒋卓文

总　序

在同济大学 110 周年华诞之际,喜闻"同济博士论丛"将正式出版发行,倍感欣慰。记得在 100 周年校庆时,我曾以《百年同济,大学对社会的承诺》为题作了演讲,如今看到付梓的"同济博士论丛",我想这就是大学对社会承诺的一种体现。这 110 部学术著作不仅包含了同济大学近 10 年 100 多位优秀博士研究生的学术科研成果,也展现了同济大学围绕国家战略开展学科建设、发展自我特色,向建设世界一流大学的目标迈出的坚实步伐。

坐落于东海之滨的同济大学,历经 110 年历史风云,承古续今、汇聚东西,秉持"与祖国同行、以科教济世"的理念,发扬自强不息、追求卓越的精神,在复兴中华的征程中同舟共济、砥砺前行,谱写了一幅幅辉煌壮美的篇章。创校至今,同济大学培养了数十万工作在祖国各条战线上的人才,包括人们常提到的贝时璋、李国豪、裘法祖、吴孟超等一批著名教授。正是这些专家学者培养了一代又一代的博士研究生,薪火相传,将同济大学的科学研究和学科建设一步步推向高峰。

大学有其社会责任,她的社会责任就是融入国家的创新体系之中,成为国家创新战略的实践者。党的十八大以来,以习近平同志为核心的党中央高度重视科技创新,对实施创新驱动发展战略作出一系列重大决策部署。党的十八届五中全会把创新发展作为五大发展理念之首,强调创新是引领发展的第一动力,要求充分发挥科技创新在全面创新中的引领作用。要把创新驱动发展作为国家的优先战略,以科技创新为核心带动全面创新,以体制机制改革激发创新活力，以高效率的创新体系支撑高水平的创新型国家建设。作为人才培养和科技创新的重要平台，大学是国家创新体系的重要组成部分。同济大学理当围绕国家战略目标的实现，作出更大的贡献。

大学的根本任务是培养人才，同济大学走出了一条特色鲜明的道路。无论是本科教育、研究生教育，还是这些年摸索总结出的导师制、人才培养特区，"卓越人才培养"的做法取得了很好的成绩。聚焦创新驱动转型发展战略，同济大学推进科研管理体系改革和重大科研基地平台建设。以贯穿人才培养全过程的一流创新创业教育助力创新驱动发展战略，实现创新创业教育的全覆盖，培养具有一流创新力、组织力和行动力的卓越人才。"同济博士论丛"的出版不仅是对同济大学人才培养成果的集中展示，更将进一步推动同济大学围绕国家战略开展学科建设、发展自我特色、明确大学定位、培养创新人才。

面对新形势、新任务、新挑战，我们必须增强忧患意识，扎根中国大地，朝着建设世界一流大学的目标，深化改革，勠力前行！

万　钢
2017 年 5 月

论丛前言

　　承古续今,汇聚东西,百年同济秉持"与祖国同行、以科教济世"的理念,注重人才培养、科学研究、社会服务、文化传承创新和国际合作交流,自强不息,追求卓越。特别是近 20 年来,同济大学坚持把论文写在祖国的大地上,各学科都培养了一大批博士优秀人才,发表了数以千计的学术研究论文。这些论文不但反映了同济大学培养人才能力和学术研究的水平,而且也促进了学科的发展和国家的建设。多年来,我一直希望能有机会将我们同济大学的优秀博士论文集中整理,分类出版,让更多的读者获得分享。值此同济大学 110 周年校庆之际,在学校的支持下,"同济博士论丛"得以顺利出版。

　　"同济博士论丛"的出版组织工作启动于 2016 年 9 月,计划在同济大学 110 周年校庆之际出版 110 部同济大学的优秀博士论文。我们在数千篇博士论文中,聚焦于 2005—2016 年十多年间的优秀博士学位论文 430 余篇,经各院系征询,导师和博士积极响应并同意,遴选出近 170 篇,涵盖了同济的大部分学科:土木工程、城乡规划学(含建筑、风景园林)、海洋科学、交通运输工程、车辆工程、环境科学与工程、数学、材料工程、测绘科学与工程、机械工程、计算机科学与技术、医学、工程管理、哲学等。作为"同济博士论丛"出版工程的开端,在校庆之际首批集中出版 110 余部,其余也将陆续出版。

　　博士学位论文是反映博士研究生培养质量的重要方面。同济大学一直将立德树人作为根本任务,把培养高素质人才摆在首位,认真探索全面提高博士研究生质量的有效途径和机制。因此,"同济博士论丛"的出版集中展示同济大学博士研究生培养与科研成果,体现对同济大学学术文化的传承。

"同济博士论丛"作为重要的科研文献资源,系统、全面、具体地反映了同济大学各学科专业前沿领域的科研成果和发展状况。它的出版是扩大传播同济科研成果和学术影响力的重要途径。博士论文的研究对象中不少是"国家自然科学基金"等科研基金资助的项目,具有明确的创新性和学术性,具有极高的学术价值,对我国的经济、文化、社会发展具有一定的理论和实践指导意义。

"同济博士论丛"的出版,将会调动同济广大科研人员的积极性,促进多学科学术交流、加速人才的发掘和人才的成长,有助于提高同济在国内外的竞争力,为实现同济大学扎根中国大地,建设世界一流大学的目标愿景做好基础性工作。

虽然同济已经发展成为一所特色鲜明、具有国际影响力的综合性、研究型大学,但与世界一流大学之间仍然存在着一定差距。"同济博士论丛"所反映的学术水平需要不断提高,同时在很短的时间内编辑出版110余部著作,必然存在一些不足之处,恳请广大学者,特别是有关专家提出批评,为提高同济人才培养质量和同济的学科建设提供宝贵意见。

最后感谢研究生院、出版社以及各院系的协作与支持。希望"同济博士论丛"能持续出版,并借助新媒体以电子书、知识库等多种方式呈现,以期成为展现同济学术成果、服务社会的一个可持续的出版品牌。为继续扎根中国大地,培育卓越英才,建设世界一流大学服务。

伍 江

2017 年 5 月

前　言

　　体外预应力组合梁是在普通组合梁外侧,合理布置高强度预应力钢索,并对其进行张拉,使梁在承受全部外荷载前建立起预应力,该预应力能够减小或抵消外荷载作用产生的应力,可获得改善梁受力性能、提高梁刚度的效果。本书通过试验、理论和有限元分析,对预应力连续组合梁整体和局部失稳以及失稳后的受力性能进行了研究,建立了连续组合梁承载力极限状态下有限元计算模型和分析方法,回归了计算组合梁的承载力公式和延性公式,给出了预应力连续组合梁的内力调幅值的确定方法,完善了预应力连续组合梁内力重分布的设计理论。完成的主要工作和得到的主要结论有以下一些:

　　(1) 对两根两跨连续组合梁和两根体外预应力连续组合梁进行了试验研究。试验表明:混凝土开裂引起连续组合梁负弯矩区截面刚度下降,导致试件在较低荷载下就已发生明显的内力重分布;在负弯矩作用区域,预应力的施加有效延缓了裂缝的出现和发展,提高了截面的刚度。组合梁负弯矩区的承载能力和屈曲后性能皆受稳定控制,不考虑屈曲对承载力和刚度的评价会带来不安全的结果。负弯矩区体外预应力索应力增量较小,可以忽略不计。连续梁的最终破坏表现为负弯矩钢梁屈曲和正弯矩区混凝土压碎。

（2）建立了预应力组合梁的 ANSYS、ABAQUS 有限元计算模型。计算模型考虑混凝土的开裂、压碎，栓钉剪切变形，板件失稳等影响因素。采用本文提出的有限元模型，通过与几组国内外文献报道梁试验结果的分析对比，表明有限元数值模拟结果与试验结果吻合良好，可以较好地模拟组合梁在负弯矩作用下的屈曲和屈曲后的力学行为，为组合梁的深入研究和参数变化分析提供了一种有效的方法。

（3）对受负弯矩作用的组合梁进行了整体稳定分析，在能量法和弹性约束压杆稳定理论所推导的组合梁稳定承载力计算方法基础上，探讨了影响组合梁整体侧扭失稳的因素。采用有限元分析方法对预应力组合梁在负弯矩作用下的承载能力进行了 200 根梁的参数分析，在此基础上定义了组合梁柔细比公式，提出了稳定极限承载力的计算方法和计算公式。讨论了设置加劲肋和设置侧向约束支承避免整体失稳的方法，推导了负弯矩作用下，避免组合梁整体侧扭失稳的加劲肋和支承设置的刚度条件和最小间距，对连续组合梁的极限承载力设计具有参考价值。

（4）研究了线弹性状态下板的屈曲承载力，探讨了影响板件屈曲的因素。采用悬臂梁模型，用有限元分析方法对局部屈曲情况下的预应力组合连续梁进行了计算分析，通过对影响截面力学性能各参数的参数分析，给出了组合梁在负弯矩作用下塑性铰长度的取值。给出了负弯矩区转动能力的计算参数，回归了转动能力的计算公式。探讨了增强组合梁在负弯矩作用下延性的具体措施，并给出了设计建议。

（5）推导了普通连续组合梁在一定延性条件下的调幅能力，讨论了预应力连续组合梁的调幅能力，从正、负弯矩区的承载能力角度推导了不同跨度和荷载分布形式的连续梁调幅需求，提出了适用于普通组合梁和预应力组合梁的调幅能力计算方法。通过国内外文献中的 28 根试验梁对照分析,对本书所提出的调幅系数确定方法进行了讨论,验证了本书方法的正确性。根据承载力能力推导的调幅系数与试验值吻合较好。本书提供的调幅系数求法,可有效地发挥连续组合梁极限承载力,对连续组合梁优化设计具有参考价值。

目　录

第 1 章

绪　论

1.1　体外预应力连续组合梁稳定问题概述

　　根据梁跨支承特征,钢-混凝土组合梁可分为简支组合梁和连续组合梁。与简支组合梁相比,连续组合梁主要有下述优点:在规定的变形限制下可以有更高的跨高比,一般简支组合梁跨高比为 16~20,连续梁可以做到 25~30[1];楼盖结构刚度增大,人走动时不容易发生振动,舒适度提高;有利于结构抗火和劣化等。体外预应力组合梁是在普通组合梁基础上,合理布置高强度预应力钢索,并对其进行张拉,使梁在承受全部外荷载前建立起预应力,该预应力能够减小或抵消梁在外荷载作用下产生的应力,达到改善梁的受力性能、提高梁刚度的效果。与普通组合梁相比,在组合梁正弯矩区钢梁下翼缘施加预应力,可减轻梁自重 30%,节约钢材 25%~30%,并有效降低梁高[2];在组合梁负弯矩区钢梁上施加预应力,可提高截面开裂弯矩,改善受拉区混凝土的收缩开裂徐变。

　　然而,连续组合梁中存在承受负弯矩的区段,对于承受负弯矩作用的组合梁存在着不可回避的问题。负弯矩区的组合梁,钢梁处于受压、混凝土翼板处于受拉的不利状态,并可能导致:① 钢梁下翼缘和受压腹板的局部失稳,② 组合梁整体侧向畸变失稳,③ 上述两种失稳相关的失稳。组合结构施加预应力以后,钢梁中存在更大的轴向压力,腹板受压区增高,因此较普通组合梁更易发生失稳。然而由于截面几何特征、弯矩梯度、轴向力大小、混凝土顶板配筋率等因素以及纵横向加劲肋、支承等效应的影响,比较复杂,考虑塑性发展影响的预应力组合梁稳定极限承载力,屈曲后的变形能力,连续组合梁、连续预应力组合梁在极限状态下的内力重分布问题迄今并未得到充分的认识。

国外规范对于钢-混凝土连续组合梁负弯矩区的失稳承载力方面的阐述,主要体现在两个方向。一是以英国 BS5400[7] 规范为代表的将混凝土板和钢梁腹板对钢梁受压下翼缘的侧向约束等效为弹性约束,以受侧向弹性约束钢梁下翼缘临界失稳轴力来推导出组合梁的临界弯矩。二是以欧洲规范 EC4[14] 为代表采用倒 U 形框架约束模型,采用能量变分原理来求组合梁的临界荷载。各国的规范大多基于这两种模型。但到目前为止,尚没有关于组合梁在负弯矩作用下的延性、预应力连续组合梁设计方面的专门规范。

我国目前尚没有专门的评估组合结构稳定问题的组合结构规范,组合梁的局部稳定设计,主要沿用钢梁的设计方法[66],限定钢梁翼缘以及腹板的宽厚比,或在腹板上采用加设纵横加劲肋来防止局部失稳的产生。这种处理方法有其局限:一方面,与组合梁的实际情况不符合,过高或过低估计了组合梁的承载能力;另一方面,容易导致不必要地增设纵横加劲肋。工程界基本沿袭非约束工字钢梁的稳定设计方法或采用弹性地基梁上非变轴力压杆的稳定求解方法,计算方法既不统一又偏于保守。

1.2　国内外在该研究方向研究现状及发展动态

对组合梁失稳问题的考虑开始于 20 世纪 70 年代,试验研究表明:组合梁局部失稳与腹板和翼缘的宽厚比之间存在某种联系,Climenhaga[3]通过对负弯矩状态下组合梁的试验,发现 4 种典型组合梁弯矩-转角曲线,这一发现为 EC4[14] 的截面分类奠定了基础。Hope-Gill[4] 的研究表明,连续组合梁的极限分析,可以采用塑性极限荷载方法,考虑连续组合梁内塑性铰的有限转动和内力重分布来实现,但其理论主要针对宽厚比比较小的型钢组合梁截面。Johnson[5] 等认为,为了实现连续组合梁塑性铰内力重分布的预期效果,应该对内支座负弯矩区组合梁截面的钢梁板件的宽厚比限制,并给出了具体的计算公式。Johnson 和 Bradford[6] 采用有限样条法对影响组合梁弹性侧扭失稳的参数进行了研究,计算模型为腹板无加劲肋、两端简支的组合梁,计算参数包括腹板高厚比、受压翼缘宽厚比、梁的有效支承之间的长度与受压翼缘的宽度的比值、混凝土板中的配筋率,他们的研究表明:影响组合梁弹性失稳的主要因素是腹板的高厚比,并认为英国桥梁规范(BS5400—1982:Part3)[7] 中计算组合梁侧扭失稳的方法非常保守,他们提出了截面屈曲修正长细比的公式。Svensson[8] 认为可将约束钢梁受压翼缘等效弹性地基压杆,采用变轴力弹性地基压杆模型,考虑了九种不同弯矩分布下的受压翼缘的轴力分布,运用迦辽金解法,得出了计算约束钢梁弹性失稳临界解,并给出了对应的设计图表。Golterman 和 Svensson[9] 在 Svensson[8] 模型的基础上,考虑了腹板的圣维南扭转、腹板对压杆的贡献、混凝土板对钢梁转动约束,对原来的模型进行了修正并且给出了数值解,但其计算过程非常复杂,且文中并未给出如何定量计算混凝土板对钢梁的扭转约束。Johnson 和 Fan[10] 进行了 II 型组合梁和普通组合连续梁极限承载力的试验研究,试验结果表明:英国桥梁规范(BS5400)的方法、Johnson 和 Bradford[11] 方法、Weston[12] 方法、英国钢铁研究院(SCI)[13] 方法、EC4[14] 的方法都低估了组合梁的极限承载力,此外,与其他方法相比,EC4 的方法更接近试验结果。Kemp 和 Dekker[15] 研究了组合梁的转动能力,认为在组合梁塑性设计中,对于第Ⅰ类截面,组合梁的侧扭失稳和局部失稳可以统一到组合梁的转动能力上面。Bradford 和 Gao[16] 首次考虑了组合梁正负弯矩区刚度的不同,研究了两端固结承受均布荷载的组合梁的弹性侧扭失稳承载力,并给出了设计曲线,理论与铝材试验对比发现,计算结果与试验吻合较好。Johnson 和 Chen[17-19] 通过试验研究了焊接工字钢板组合梁的侧向屈曲稳定,通过腹板加肋与不加肋的对比,发现组合梁腹板加肋使组合梁的侧向失稳强度明显改善,同时发现加肋区钢梁与混凝土板之间连接件的强度与刚度对组合梁的侧向屈曲有较大影响。Kemp 和 Dekker[20] 采用弹簧模型,通过对纯钢梁翘曲扭转常数、侧向弯曲惯性矩、自由扭转常数进行修正,同时修正弹性模量、剪切模量考虑初始缺陷,修正计算长度考虑弯矩变化,得到了计算组合梁的失稳极限承载力的公式,对比发现与 Weston 和 Nethercot[12] 的计算结果相符。Gioncu 和 Petcu[21] 基于局部塑性失稳机理,详细分析了影响连续梁负弯矩区塑性转动的各种因素,通过自己编的软件,提出了一种新的截面划分方法。Lindner[23] 研究了组合梁的侧扭失稳的问题,基于 EC4 的屈服曲线提出了一种较简单地算屈服承载力的算法。Bradford[24-26] 研究了钢梁的畸变失稳承载力,给出了基于修正的广义长细比的约束钢梁的畸变失稳设计方法,并用 RDB(Restrained Distortional Buckling)模型对钢梁在不同侧扭刚度下的强度做了研究。Ronagh[27] 全面地回顾了之前几年组合梁侧扭失稳的研究方法,给出了一个完整的计算失稳的程序。Kemp 和 David[28] 研究了半刚性节点为满足内力重分布所需要的塑性转角。Vrcelj 和 Bradford[30] 研究了在组合结构中由于混凝土的收缩和徐变引起的内力重分配导致组合梁负弯矩区发生失稳,并认为应该将组合梁看作压弯构件来研究;Ahti[31] 在发展前人组合梁转动模型的基础上,提出了综合考虑钢筋参与的求组合梁转动能力的公式。Vrcelj 和 Bradford[32] 研究了受到连续约束的压弯构件的弹性畸变失稳承载力,指出影响失稳承载力的三个主要因素,并认为可以用相关公式来计算约束压弯构件侧扭畸变失稳承载力。Xu 和 Wu[33]运用铁摩辛格梁理论,考虑了初始缺陷和剪力滑动,研究了部分剪力连接情况下的屈曲问题。Heiharpour 和 Brandford[34]研究了在温度升高时板件局部稳定时的组合梁长细比,发现长细比限值与板件材料的单轴应力-应变关系曲线密切相关。

对组合梁施加预应力法最早由德国学者 Dischinger 提出的。Szilard[35]对配置高强抛物线钢丝束的预应力简支组合梁进行研究后,利用虚功方法推导了计算应力的公式,在计算中考虑了混凝土的徐变、收缩和钢丝束的应力松弛。Sarnes[36]对两根负弯矩区有预应力板的钢-混凝土组合梁进行了试验,结果表明:在使用荷载下,在负弯矩区对混凝土板施加预应力可以消除混凝土板的开裂和减少钢梁拉翼缘的应力。Kennedy 和 Grace[37]研究了负弯矩区预应力部分的混凝土板及与剪力连接件之间的相互作用影响,其分析结果与两根两跨连续组合梁(1/8 比例)的试验结果吻合较好,研究结论表明:在负弯矩区混凝土板施加预应力有助于增大混凝土板的开裂荷载,有效降低应力幅值,增加极限承载力。Basu 等[38]的连续组合梁试验结果表明:对负弯矩区混凝土板施加预应力可消除使用荷载下的裂缝,提高负弯矩区混凝土的抗弯能力。Saadatmanesh[39]在假定混凝土非线性和钢梁、预应力筋为弹性的基础上,研究了预应力组合梁从加载至破坏的全过程受力性能,运用内力平衡和预应力筋与钢梁变形的协调性,计算了组合梁正负弯矩区的钢梁、混凝土板、预应力筋的应力、应变与挠度。Troitsky 等[40]运用虚功原理推导了预应力钢梁中不同形式的预应力筋在不同荷载作用下的应力增量表达式,认为钢梁施加预应力可降低内支座负弯矩区的弯矩,且随着跨度增加预应力筋的应力增量也相应增加。Tong 和 Saadatmanesh[41]运用刚度方法和混合方法分析了在弹性范围内,预应力大小、预应力筋的偏心、布筋形状、预应力筋长度对两跨预应力组合连续梁受力性能的影响,他们的研究结果表明梁的承载能力与预应力大小和偏心大小成正比。Ayyub 等[42-43]运用变形增量方法分析了预应力组合梁负弯矩区的受力性能,认为对负弯矩区的组合梁施加预应力,可通过阻止混凝土在使用荷载下的开裂而增加刚度和强度,扩大弹性范围,提高屈服荷载和极限承载力。Kennedy 和 Grace[44]对承受负弯矩的预应力连续组合桥模型进行了静载、疲劳和振动测试研究,研究结论表明:在负弯矩区混凝土板施加预应力有助于消除板的横向开裂荷载,增加桥的自振频率,预应力可有效降低应力幅值,提高桥梁的疲劳寿命,增加极限承载力。Hung - I[89]对后张预应力组合梁桥的短期和长期性质分别进行了研究,试验和理论分析均发现局部失稳是设计这类桥梁的一个应注意的重要因素。Andrea 和 Laura[45]考虑预应力钢筋与转向块之间的滑动,材料非线性和几何非线性的基础上提出了一个体外预应力组合梁的分析模型。

国内对于组合梁负弯矩区的特性和失稳问题研究相对较晚。朱聘儒[75]首先在其专著中对求解组合梁在负弯矩作用下整体稳定承载力的弹性压杆地基模型进行了较系统的阐述。朱聘儒等[46]对连续组合梁塑性铰特性及内力重分布现象的研究,提出力比 R 是影响塑性铰转动的重要参数。陈世鸣[47]用截面延性曲率的概念描述两类截面局部失稳对连续组合梁内力重分布的影响,通过对 36 组梁的分析研究表明 II 类截面连续组合梁的局部失稳可采用对中间支承处弯矩调幅 30% 来等效。陈世鸣[48]在 Svensson[8]研究的基础上,认为用弹性地基压杆模型计算组合梁的侧扭畸变失稳,不仅要考虑轴力变化对稳定承载力的有利影响,同时还要考虑由于混凝土板弯曲转动对稳定承载力的不利影响,即不能认为混凝土板是完全刚性的,文章采用了 II 型组合梁计算压杆受到的侧向约束刚度,给出了适用的设计公式。陈世鸣[49]在弹塑性有限元稳定计算的基础上,分析了组合梁局部稳定和侧向失稳的相关作用,提出了组合梁稳定计算的近似公式,但没有考虑下翼缘局部失稳对组合梁极限稳定弯矩强度的影响。蒋丽忠和李兴[60]通过能量法得出了组合梁在纯弯荷载作用下的侧扭失稳承载力公式,假定混凝土板对钢梁是完全约束的,并与弹性地基压杆法进行了对比,发现:没有考虑下翼缘扭转得出的公式会偏于不安全。童根树和夏俊[61-62]通过能量法得出了组合梁侧扭失稳承载力公式,进一步探讨了弯矩梯度、边界条件等影响,并给出了等效弯矩系数,给出了求解极限状态时的长细比公式,提出用我国钢结构设计 b 曲线配合求得组合梁在负弯矩作用下的极限抗弯承载力。陈进等[63]通过自编 MATLAB 程序讨论了框架梁端部是否设置隅承防止整体失稳发生的条件。

　　国内对预应力组合梁负弯矩区性质研究的起步也是比较较晚的。宗周红等[50-51]采用有限元分层板壳单元进行了预应力组合梁的非线性分析,并与试验结果进行了比较,在负弯矩区钢梁失稳前,计算结果与实验结果较吻合。陈苹艳和段建中[52]研究了两根两跨预应力组合梁的变形和受力特性。宗周红等[54]试验研究了两跨预应力连续组合梁受弯性能,一个主要现象是:正弯矩区钢梁受拉翼缘屈服之前,截面应变为线性分布,临近破坏时,截面上存在两个中和轴;负弯矩区混凝土极易开裂退出工作,由钢梁和混凝土板中钢筋承担外荷载,应采取有效措施改善负弯矩区混凝土板在正常使用阶段的工作性能。陈世鸣[56,58]通过四组预应力负弯矩区加载试验,得出负弯矩区预应力的施加,可以有效地改善开裂弯矩,负弯矩区的承载能力由局部失稳、畸变失稳或两种失稳的相关失稳控制。Chen[57,59]研究了体外预应力组合梁在正弯矩作用下的有效翼缘宽度,极限承载力,试验表明:可以用简化塑性计算方法对承受正弯矩区的极限承载力进行计算。国内外很多著作也对组合梁的某些局部问题做了一些介绍,并针对具体问题从宏观上给出了解决办法,如文献[71 - 79]。

1.3 目前存在的主要问题

尽管国内外学者对组合梁及预应力组合梁的变形性能、力学特征、有限元模型、长期性能等进行了广泛的研究,但在预应力组合梁的一些关键技术方面问题仍有待于深入探讨。

(1) 负弯矩区体外预应力组合梁的极限承载力受失稳控制。目前国内外公布的试验资料多局限于采用轧制工字钢梁,其翼缘和腹板的宽厚比较小且跨高比普遍偏小。所公布的失稳承载力公式均基于弹性临界荷载公式通过 PERRY - ROBERSON 公式求得,尚缺乏充足的试验或计算数据支持。进行模型试验,提出有效的有限元模型,研究不同几何条件,不同支承间距的组合梁在负弯矩作用下的承载能力;探究影响组合梁稳定的措施,给出避免失稳条件是组合梁设计亟待解决的问题。

(2) 现有国外文献中评定组合梁在负弯矩作用下转动能力的方法和公式都是针对无预应力的普通组合梁,国内对转动能力的计算方法多沿袭求解混凝土梁转动能力思路,通过截面曲率与塑性铰长度的积而求得转动能力,这不符合组合梁在负弯矩作用下真实的受力机理。对于预应力组合梁,预应力一方面可提高截面的开裂弯矩,另一方面却会加剧组合梁的失稳,导致转动能力降低。如何考虑预应力组合梁中各参数对延性的影响,用简洁的方法和公式进行组合梁的延性评定应为研究者所关注。

(3) 连续组合梁极限承载力可采用弯矩调幅法即按弹性分析计算弯矩内力,然后按内力重分布对控制截面的弯矩进行调幅,计算出连续梁的极限承载力。然而与混凝土梁不同,负弯矩区组合梁的力学性质受失稳控制,正负弯矩区承载能力比比较大,规范过小或过死的调幅系数取值不能满足组合梁的潜在要求。根据组合梁的特点,重新评定组合梁的调幅能力,对连续组合梁优化设计提供具有参考价值的设计建议是推广连续组合梁所要考虑的重点。

1.4 主要研究工作

1.4.1 研究对象

组合梁正弯矩区的力学性能,国内外已经开展了比较系统的研究。负弯矩区所加预应力对组合梁力学性能的影响,对预应力连续组合梁的设计和应用起着关键作用。因此,负弯矩作用下预应力组合梁考虑失稳状况的力学性能,包括整体稳定条件下的极限承载力问题、局部稳定条件下的延性问题是本书的重点研究内容,并在此基础上结合国内外连续组合梁的试验结论,进一步对预应力连续组合梁内力重分布所具有的特殊问题进行分析。

对象截面形式为开口截面,腹板无外包混凝土,主要适用于:① 桥梁结构中作为连续梁设计的大梁;② 建筑结构中承受负弯矩的框架梁,楼盖体系中的连续次梁;③ 作为挑梁的悬臂组合梁。

1.4.2 研究目的

对组合梁在负弯矩作用下的性能进行系统的试验研究,并在此基础上运用有限元方法,建立分析模型,综合考虑不同初始几何缺陷和力学缺陷的影响,分析影响截面力学性能的各参数,探究预应力组合梁负弯矩区失稳机理。在参数分析基础上回归出适合工程实用的极限承载力计算公式,延性计算公式,并以此为基础对预应力连续组合梁提出相应的设计建议。

1.4.3 研究内容

本课题试验研究、有限元方法和理论分析工作并重。在掌握并借鉴相关研究成果的基础上,通过理论分析研究预应力组合梁的受力规律和机理,建立合理的计算模型和理论公式。试验对比研究组合梁、预应力组合梁在正负弯矩共同作用下的整体工作性能,并作为理论和有限元计算结果的验证标准。采用有限元数值分析合理地减少试验工作量并提高试验和理论分析的深度和精度,发现各参数在整体力学性能中的影响程度,回归计算公式。

本文的主要工作有:

(1)进行两根足尺普通连续组合梁、两根足尺预应力连续组合梁试验。预应力连续组合梁主要研究组合梁在施加预应力之后正负弯矩作用下裂缝、稳定、承载力、变形等力学性能,普通连续组合梁作为对照。

(2)有限元模型的建立、验证和对试验的有限元分析。对大型通用有限元软件 ANSYS、ABAQUS 模拟结构稳定的思想、原理,材料的本构关系、屈服准则,初时缺陷的添加,栓钉的模拟等预应力组合梁非线性稳定问题模拟的关键技术做了总结和论述;对国内外一些较典型试验进行了模拟并与结果进行了比对,比对结果表明有限元结果与试验符合良好;对本文预应力连续组合梁试验进行了加载模拟,并对模拟结果进行了较深入的分析。

(3)分别用能量的方法和弹性地基压杆模型的方法建立了整体失稳模式下的临界承载力计算公式、分析了影响组合梁稳定承载力的一些关键因素;用有限元参数分析的办法对一批共 200 根预应力组合梁进行了参数分析,定义了预应力组合梁的长细比公式,给出了通过此长细比公式求解极限承载力的公式;讨论了构造方式提高极限承载力的方法,并对避免失稳时的肋刚度、间距和支承间距需求进行了推导。

（4）用下翼缘临界稳定承载力公式讨论了影响组合梁屈曲临界应力影响因素；用有限元参数分析的方法，对影响预应力组合梁转动能力的影响因素进行了分析，给出了组合梁在负弯矩作用下的塑性铰长度，回归了计算组合梁在负弯矩作用下计算转动能力的公式；并对影响延性的构造措施进行了阐述和讨论。

（5）以变刚度连续梁为模型推导了连续组合梁调幅系数与负弯矩转动能力之间的关系，推导了考虑次弯矩条件下调幅系数和转动能力之间的关系，分析了预应力次弯矩对调幅系数和转动能力之间关系的影响。推导了不等跨连续组合梁在集中荷载和均布荷载作用下的正负弯矩区承载能力和调幅系数的关系，给出了确定组合梁调幅系数方法，并与文献中 28 根试验梁做了对照。

第2章
预应力连续组合梁试验研究

2.1 试 验 概 述

预应力钢-混凝土连续组合梁是指在组合梁的钢梁上(或支座负弯矩混凝土板内)配置预应力钢筋,改善其受力性能。一方面,可增大开裂荷载,减小裂缝宽度,扩大弹性工作范围;另一方面,可以提高承载能力,减小变形。对连续组合梁施加预应力影响了梁在荷载作用下稳定承载力,限制了梁的转动性能,对连续组合梁的塑性内力重分布产生影响,弯矩调幅系数也会因此与普通钢-混凝土组合梁不同。国内外对于预应力钢-混凝土组合梁的研究主要集中在简支梁的受弯和疲劳特性方面。而对预应力连续组合梁的研究尚很少,包括欧洲规范 EC4[14] 在内的现行规范中,都还没有对预应力钢-混凝土连续组合梁的设计作出规定。

预应力组合梁试验资料比较匮乏。主要有宗周红[53]针对Ⅰ类连续组合梁做了 6 根两跨连续梁试验,跨高比在 13 左右。其中 1 根为普通组合梁,其余 4 根预应力组合梁,试验发现组合梁破坏时正负弯矩区均能达到充分塑性阶段,内力重分布程度受截面转动能力有很大影响。

本文共对两组共 4 根钢-混凝土组合梁的静力加载试验进行研究。

第一组编号分别为：CB1 为两跨普通组合连续梁，PCB1 为预应力两跨连续组合梁；第二组编号为：CB2 为三跨普通组合连续梁，PCB2 为施加预应力三跨连续组合梁。试验模型采用体外预应力钢-混凝土连续组合梁，跨高比对两跨的约在 13，三跨连续梁跨高比约为 16.3，通过改变其中钢筋数量，使截面分别符合Ⅱ、Ⅲ类截面。通过试验，对预应力钢-混凝土连续组合梁正、负弯矩区的强度、刚度进行测试，从中总结出相应的规律。同时与其他相关试验数据和资料进行比较分析，以求通过试验发现新问题，并对有限元模型和理论计算工作起到验证作用。

2.2　试验设计及内容

2.2.1　试验设计

试验构件设计遵循以下几条原则：

1. 梁跨度

使跨高比与实际结构较接近。对于跨度在 30～40 m 之间的体外预应力连续组合梁而言，连续梁标准断面的跨高比可以做到 30。受试验室场地和加载装置限制，试验中钢梁高为 279 mm，混凝土板厚 90 mm，梁全高为 369 mm。CB1，PCB1 为两跨连续组合梁，单跨长 4 800 mm，跨高比为 13；CB2，PCB2 为三跨连续组合梁，中间跨长 6 000 mm，跨高比为 16，试验梁边跨以悬臂梁的方式模拟边跨反弯点距中支座之间的梁段，长 1 200 mm。

2. 翼缘宽度

组合梁混凝土板存在剪力滞后现象（图 2-1）。根据正应力静力等

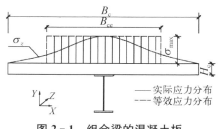

图 2-1　组合梁的混凝土板翼缘受力状态

效原则,实际计算中多用公式(2-1)将实际混凝土板宽度等效为有效计算宽度。各国规范[7,14,86-87]根据组合梁的具体几何特征给出了有效翼缘宽度类似的计算公式。为减小剪力滞后对试验结果带来的干扰,试件设计时将混凝土板板宽控制在有效计算板宽之内,试件 CB1,PCB1 板宽 550 mm;试件 CB2,PCB2 板宽 800 mm。

$$B_{ce} = \left(\int_{-\frac{B_c}{2}}^{\frac{B_c}{2}} \int_0^{H_c} \sigma_z \, \mathrm{d}x \, \mathrm{d}y \right) \Big/ \sigma_{max} \qquad (2-1)$$

3. 板中钢筋和预应力钢筋

对组合梁负弯矩区施加预应力可以延缓混凝土板裂缝的出现,增加梁的刚度。由于预应力梁体外预应力配置位置接近塑性中和轴,预应力筋所产生的附加弯矩较小,增大体外预应力筋量并不能显著提高梁的承载能力。当受拉钢筋或预应力筋的配筋率增加,钢梁进入屈服后的腹板塑性中和轴位置上移,腹板受压部分高厚比增加,截面更容易出现局部屈曲,使截面承载力下降,延性降低。朱聘儒[46]和余志武[88]分别采用力比和综合力比公式表示钢筋和预应力钢筋含量的多少:

普通力比: $$R_0 = \frac{A_r f_r}{A_s f_y} \qquad (2-2)$$

综合力比: $$R_p = \frac{A_r f_r + A_p \sigma_p}{A_s f_y} \qquad (2-3)$$

式中,R_0 代表组合梁中普通纵向钢筋含量的普通力比;A_r 表示纵向钢筋面积;f_r 表示钢筋强度;A_s 为钢梁截面面积;f_y 为钢梁屈服强度;R_p 为反映预应力组合梁钢筋和预应力筋多少的综合力比;A_p 为预应力钢筋的面积;σ_p 为预应力钢筋锁定应力。

本文所设计构件若按中国土木工程学会在"部分预应力混凝土结构设计建议"给出的预应力度定义和分类,本文构件又可划归为"部分预应力混凝土"：正截面拉应力超过混凝土拉应力限值,相当于允许出现裂缝的构件。

在正弯矩区塑性极限状态下,混凝土板内纵向钢筋与塑性中和轴接近而附加弯矩较小,不会对塑性极限承载力产生显著影响。然而纵横向钢筋可以在达到混凝土极限变形后对混凝土起到约束作用,能保证其强度不会在短期内显著降低,可提高混凝土板的抗压延性。

试验中,负弯矩区 CB1,PCB1 普通力比为 0.32,CB2,PCB2 中普通力比为 0.26,PCB1,PCB2 综合力比分别为 0.45 和 0.37,CB1,PCB1 为第Ⅲ类截面,CB2,PCB2 为第Ⅱ类截面。CB1,PCB1 梁正弯矩区混凝土板的纵向钢筋为 8Φ8,CB2,PCB2 梁纵向钢筋通长配置。沿梁全长混凝土板内横向构造分布钢筋均按上下两层配置,每层 Φ8@200。

4. 剪力连接件

钢-混凝土组合梁的钢梁和混凝土板整体工作是通过剪力连接件实现界面处剪力的有效传递,因此无论对于普通钢-混凝土组合梁或预应力钢-混凝土组合梁,剪力连接件都起关键作用。组合梁中连接件主要承受钢梁与混凝土的纵向剪力,并且抵抗混凝土翼缘板与钢梁间的掀起作用。组合梁的剪力连接系数 γ_n 定义为

$$\gamma_n = \frac{nN_v^c}{\min\{A_c\,f_c, A_s\,f_y\}} \qquad (2-4)$$

我国钢结构设计规范[66]有关圆柱头剪力连接件的强度计算公式：

$$N_v^c = 0.43A_s\sqrt{E_c\,f_c} \leqslant 0.7A_s\,\gamma f \qquad (2-5)$$

式中,γ_n 为剪力连接系数,可表示组合梁的剪力连接程度;A_s,f_y 分别为钢梁的截面面积和钢材的屈服强度;A_c,f_c 分别为混凝土板的截面面积和混凝土的抗压强度设计值;E_c 为混凝土的弹性模量;γ 表示栓钉材料抗拉强度最小值与屈服强度之比;f 为圆柱头栓钉抗拉强度设计值。

试件设计时取剪力连接系数略大于1.0。

试件钢构件的设计详见图2-2、图2-3和表2-1、表2-2所示。图2-2和表2-1为CB1,PCB1的钢梁加工图和下料表。图2-2(a)、图2-3(a)分别为第一组和第二组梁的栓钉布置图,栓钉为沿梁长双排均匀布置,间隔150,满足公式(2-5)的完全剪力连接。图2-2(b)、图2-3(b)分别为两组梁的肋布置图,表2-1和表2-2中分别给出了肋的几何尺寸,肋厚10 mm,满足中国钢结构规范所要求的肋刚度。

表2-1　PCB1,CB1钢构件加工下料表

序 号	名 称	型 号 及 规 格	单 位	数 量	备　注
1	钢板	□ 9 700×255×6	mm	1	
2	钢板	□ 9 700×120×10	mm	1	
3	钢板	□ 9 700×120×14	mm	1	
4	钢板	□ 279×120×20	mm	2	按详图切边开孔
5	钢板	□ 255×57×10	mm	8	按详图切边开孔
6	钢板	□ 255×57×10	mm	6	按详图切边开孔
7	栓钉	Φ16	个	130	16 Mn、熔后长度70

表2-2　PCB2,CB2钢构件加工下料表

序 号	名 称	型 号 及 规 格	单 位	数 量	备　注
1	钢板	□ 8 500×255×6	mm	1	
2	钢板	□ 8 500×120×10	mm	1	
3	钢板	□ 8 500×120×14	mm	1	
4	钢板	□ 279×120×20	mm	2	按详图切边开孔
5	钢板	□ 255×57×10	mm	8	按详图切边开孔
6	钢板	□ 255×57×10	mm	4	按详图切边开孔
7	栓钉	Φ16	个	114	16 Mn、熔后长度70

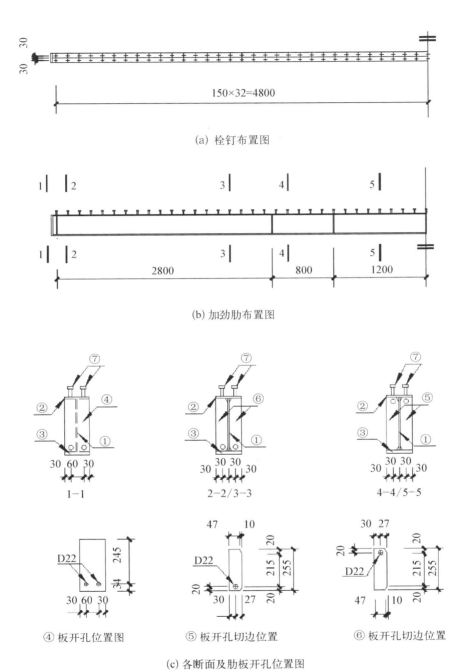

(a) 栓钉布置图

(b) 加劲肋布置图

1—1　　　　2—2/3—3　　　　4—4/5—5

④ 板开孔位置图　　⑤ 板开孔切边位置　　⑥ 板开孔切边位置

(c) 各断面及肋板开孔位置图

图 2 - 2　PCB1,CB1 梁钢梁加工图(单位: mm)

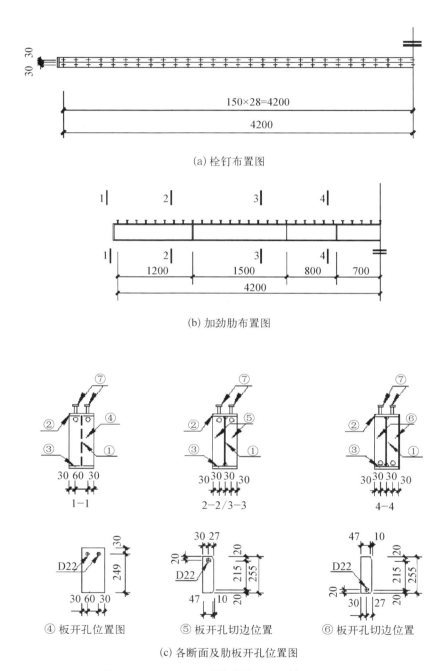

(a) 栓钉布置图

(b) 加劲肋布置图

(c) 各断面及肋板开孔位置图

图 2‑3　PCB2,CB2 梁钢梁加工图(单位：mm)

混凝土浇筑前对工厂焊接钢构进行了测量,测量得钢梁尺寸如表 2-3 所示。表中符号如图 2-4 所示,表中钢筋为负弯矩区钢筋,CB1, PCB1 正弯矩区布置钢筋及断点见图 2-5,CB2,PCB2 正、负弯矩区钢筋通长布置如图 2-6 所示。钢梁钢材 Q345、钢筋采用二级钢,预应力索采用强度标准值为 1 860 MPa 的 $\Phi^s 15.2$。试验梁按 EC4[14] 标准分类,如表 2-4 所示,CB1,PCB1 梁可归为第二类截面,CB2,PCB2 可归为第三类截面。

表 2-3　钢梁截面实测尺寸、钢筋及预应力钢筋面积

构 件	b_{top} /mm	t_{top} /mm	h_w /mm	t_w /mm	b_{bt} /mm	t_t /mm	$A_{r,top}$ /mm²	$A_{r,bot}$ /mm²	A_p /mm²
CB1	118.4	9.9	253.5	6	122.8	13.9	803.8	803.8	0
PCB1	118.4	9.9	253.0	6	121.0	14.0	803.8	803.8	274.8
CB2	120.0	9.9	251.8	6	121.5	13.4	615.4	615.4	0
PCB2	120.0	9.9	252.2	6	121.0	13.9	615.4	615.4	274.8

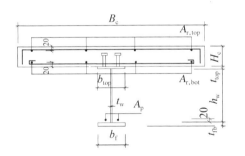
(a) 连续梁正弯矩区截面图

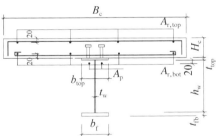
(b) 连续梁负弯矩区截面图

图 2-4　组合梁符号说明(单位: mm)

5. 施工方法和预应力的施加

在浇筑试件混凝土时钢梁通长搁置在地面,混凝土达到设计强度后吊装于加载架。在试验前施加预应力,预应力施加后立即进行试验。不考虑预应力筋的松弛徐变。

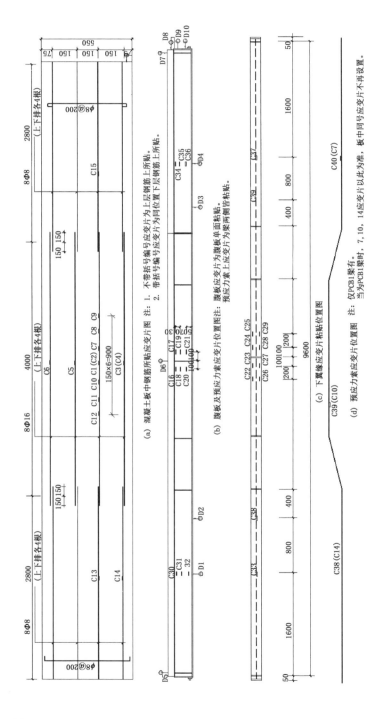

图 2 - 5 PCB1,CB1 梁应变片位移计布置图(单位: mm)

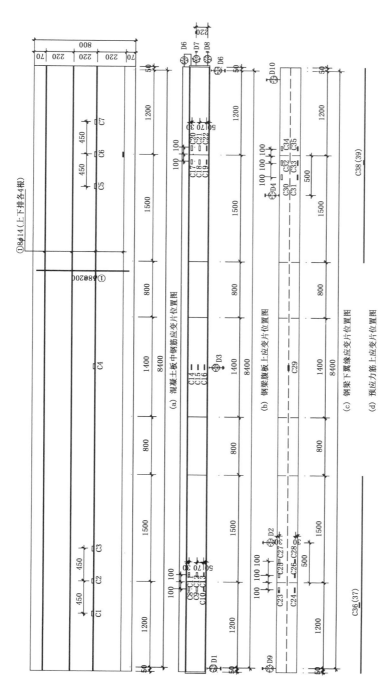

图 2-6　CB2,PCB2 应变片,位移计布置图(单位:mm)

(a) 混凝土板中钢筋应变片位置图

(b) 钢梁腹板上应变片位置图

(c) 钢梁下翼缘应变片位置图

(d) 预应力筋上应变片位置图

表 2 - 4　截面板件类别

	翼　缘		腹　板					类别
	9ε	c/t_{fb}	α	ε	$\dfrac{396\varepsilon}{13\alpha-1}$	$\dfrac{456\varepsilon}{13\alpha-1}$	$h_{\mathrm{w}}/t_{\mathrm{w}}$	
CB1/ PCB1	7.2	3.8	0.8	0.8	32.6	37.6	41.2	3
CB2/ PCB2	7.2	3.8	0.7	0.8	37.5	43.2	41.2	2

注：c 为翼缘外悬挑边至焊缝边的距离；α 为腹板受压区高度占腹板高度比；$\varepsilon=\sqrt{\dfrac{235}{f_{\mathrm{y}}}}$；表中预应力梁中数据按无预应力梁采用；分类标准依 EC4[14]。

2.2.2　材料性能

1. 钢梁、钢筋和混凝土

试件钢梁为工厂焊制，材质 Q345，切割时各厚度板材留三块试块；钢筋为二级钢，CB1，PCB1 和 CB2，PCB2 两批次浇筑、两批次下料，每次下料时留部分材料供材性试验，混凝土试块与组合梁在相同条件下养护。钢材材料材性试验均在同济大学力学试验室进行。材料性能结果如表 2-5 和表 2-6 所示。

表 2 - 5　钢梁钢板、钢筋材性试验（均值）

	钢　板			钢　筋	
	6 mm	10 mm	14 mm	$\phi16$(标距 $5d$)	$\phi14$(标距 $5d$)
屈服强度 f_{y}/MPa	372	372	369	338	364
极限强度 f_{u}/MPa	529	552	543	523	543
弹性模量(10^5 MPa)	1.97	1.70	1.95	—	—
断后伸长率/%	30.3	29.1	27.0	34.5	30

表 2 - 6　混凝土材性试验强度

编　号	立方体抗压强度 f_{cu}						平均值	备　注
	1	2	3	4	5	6		
CB1,PCB1	34.8	33.8	33.4				34.0	
CB2,PCB2	33.2	26.5	24.8	23.8	20.5	19.7	24.7	换算得

注：CB1,PCB1 浇筑时预留立方体试块，28 天立方体抗压强度；CB2,PCB2 试验完毕钻芯强度换算得立方体强度。

钢筋弹性模量取值按规范取 2.06×10^5 MPa。

混凝土的弹性模量测量比较困难,因原点切线很难准确地作出,通常近似利用重复加载试验来间接确定。中国建筑科学研究院于 20 世纪 60 年代用这种方法做了一大批棱长 200 mm 不同强度混凝土弹性模量的测试,根据数据统计分析,得到混凝土弹性模量与立方强度关系的经验公式,新的规范(GB 50010—2002)将原式中的 $f_{\text{cu},200}$ 换算为 150 mm 标准立方体强度得到确定混凝土弹性模量的基本公式(2-6),本试验中亦用此公式计算弹性模量数值:

$$E_{\text{c}} = \frac{10^2}{2.2 + \dfrac{34.7}{f_{\text{cu}}}} \quad (\text{kN/mm}^2) \qquad (2-6)$$

棱柱体轴心抗压强度 f_{c} 取 $0.76 f_{\text{cu}}$,抗拉强度 f_{t} 取 $0.23 f_{\text{cu}}^{2/3}$。

2. 栓钉和预应力索

栓钉由工厂钢梁加工时现场焊制,型号为 Φ16,极限强度 480 MPa,直接熔焊在钢梁上翼缘。预应力索采用 7Φ5 钢绞线,标准抗拉强度值为 1 860 MPa,强度设计值 1 320 MPa,弹性模量为 1.95E5 MPa。

2.3　测点及数据采集

试验中每个构件布置含测力、应变、位移等约 40 个测点,通过计算机控制的数据采集系统自动进行记录。测点布置时,主要考虑以下几个因素[97]:

(1) 钢筋应变:为测得负弯矩区钢梁屈曲时的中间支座附近钢梁和钢筋的应变分布,在中间支座混凝土板中钢筋布置应变片。预应力钢绞线上的预应力施加时初时应力的控制和加载时预应力应力的增量变化也需要监控。同时为考虑不同转向块之间的摩擦损失,在每个预应力索的水平段也布置了应变片。钢筋,预应力索上应变片布置方式见图2-5和图2-6,应变片表示符号用C表示。如图2-7(a)所示为组合梁CB1负弯矩区钢筋上应变片布置现场照片。

(2)钢梁应变:为测量钢梁腹板和下翼缘的局部失稳和变形,以及正、负弯矩区截面上的应变分布情况,在正弯矩区加载点下的钢梁腹板上竖向布置三个应变片,相同位置的下翼缘底部中间布置一个应变片;中间支座两边腹板、下翼缘底部分别布置若干应变片,见图2-5和图2-6。钢梁上应变片与钢筋上应变片相同,亦用C表示。如图2-7(b)所示为CB1梁支座负弯矩区钢梁腹板上应变片布置现场照片。

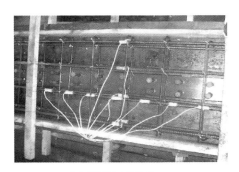

(a)钢筋上应变片

(b)负弯矩负梁腹板应变片

(c)支座端压力传感器布置

(d)端支座反力架压力传感器布置

图2-7　位移计应变片压力传感器现场照片图

（3）由于两跨连续梁是超静定结构，为得到其实际内力，需要精确测定各支座反力。在试验中，于端部支座下安装测力计，以求得跨中及支座截面的弯矩并作为试验加载过程中的控制参数。在一个边支座下放置一组四个并联压力传感器，如图 2 - 7(c)和图 2 - 7(d)所示。千斤顶试验前预先标定，试验中通过电脑系统读数换算出真实加载。

（4）挠度、转角等宏观变形值反映构件的整体工作性能，而且相对于应变等反映局部性能的测量数据具有较小的离散程度，跨中、加载点、支座沉降、端部转角等运用位移计进行了位移量测，测点布置见图 2 - 5 和图 2 - 6 中所示，图中 D 符号代表位移计。

2.4　试验装置及加载方案

本次试验采用静力加载。CB1，PCB1 两跨连续梁采用两个并联油压千斤顶和分配梁施加于梁跨的三分点上，故可认为每根梁四个加载点所加荷载同步；CB2，PCB2 采用一个油压千斤顶通过分配梁施加于梁跨三分点上，可认为两个加载点所加荷载同步。为保证构件在水平方向的自由移动，在构件一端和分配梁一端各使用一个滚轴支座。为使荷载能够均匀传到混凝土翼缘板上，在分配梁端底部的加载钢辊下面垫置钢板，同时，钢板下面用细沙抹平以防局部应力集中。试验加载装置如图 2 - 8 所示。

PCB1，PCB2 模拟体外预应力组合连续梁，在试验加载之前现场对预应力索施加预拉应力。张拉采取穿心式千斤顶，梁两端共采用四个预应力张拉端轮番张拉的方法以保证一端两侧的大致平衡，逐步张拉至试验所设定预拉应力，PCB1 梁每根预应力索平均初始内力 121 kN（强度标准值的 52%），PCB2 梁每根预应力索平均初始内力 112 kN（强度标

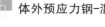

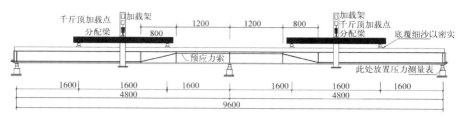

(a) CB1，PCB1梁(CB1梁无预应力索)

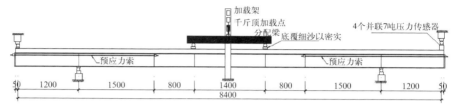

(b) CB2，PCB2梁(CB2梁无预应力索)(单位:mm)

图 2‑8　试验加载装置

准的 49%)。张拉控制应力满足规范[144]第 6.1.3 条中不大于 0.75 同时不小于 0.4 倍强度标准值要求。张拉之后即施加试验加载,认为没有预应力松弛所带来的应力损失。

试验的加载方法采用荷载控制。具体步骤如下:

第一步:在正式加载以前,为密实试件各部位的缝隙,使结构处于良好的受力工作状态,并可校验测试系统与加载系统,先对试件进行两至三次预加载,然后卸载至零。预加荷载值最大值控制在 30%~40% 的组合梁混凝土开裂荷载,每级持荷时间为 5 min 左右,以保证梁体与支承系统内力调整的充分性。

第二步:正式试验开始,由荷载增量控制加载级别。裂缝出现之前每级荷载 5 kN,同时记录各测点仪表的读数,观察混凝土消压和裂缝出现的位置,并记录开裂荷载,以确定开裂荷载值。每级持荷 5 min 左右,每级加载后,由采集仪采集试验数据,观察并记录裂缝的开展情况。

第三步:在裂缝出现后,每级荷载由 10 kN 逐渐增大直至出现挠度-加载曲线出现拐点。当试件的荷载-挠度曲线出现拐点时,表明试件已进入局部屈服状态,千斤顶连续加载采集仪自动连续采集数据,直至试件破坏。

2.5　试验结果及分析

2.5.1　试验梁的加载破坏

四根组合梁的主要试验结果如表 2-7 所示,其中负弯矩区混凝土开裂理论计算弯矩及理论 1 中正弯矩承载力为按附录中导得的公式计算所得,负弯矩为按图 4-1(a)所推公式计算,理论 2 中数据为按图 4-1(b)所示所推公式计算。从表中混凝土开裂时的负弯矩值对比可以看出,用附录中计算开裂弯矩公式所计算的开裂弯矩无论是否施加预应力,均与试验值较符合。

表 2-7　试验梁开裂、屈服和极限弯矩

梁 编 号		混凝土开裂		侧向屈曲	中支座钢梁下翼缘屈服	极 限 加 载		
		试验	理论			试验	理论 1	理论 2
CB1	P/kN	30.7			347.0	557.2		
	M_h/(kN・m)	16.7	21.9		174.5	207.5	268.7	211.5
	M_s/(kN・m)	19.0			191.0	344.2	323.3	
	δ/mm	1.4			15.8	55.3		
PCB1	P/kN	95.0			345.0	618.5		
	M_h/(kN・m)	43.8	45.6		167.9	188.4	261.2	206.3
	M_s/(kN・m)	56.1			191.8	407.7	372.5	
	δ/mm	0.8			11.7	40.4		
CB2	P/kN	67.1		565.5	386	576.8		
	M_h/(kN・m)	17.6	26.2	272.8	166.9	276.1	262.2	
	M_s/(kN・m)	59.6		378.0	277.8	387.9	333.4	
	δ/mm	6.7		111.4	41.4	155.7		

梁 编 号		混凝土开裂		侧向屈曲	中支座钢梁下翼缘屈服	极 限 加 载		
		试验	理论			试验	理论 1	理论 2
PCB2	P/kN	91.2		538.0	388.6	588.6		
	$M_\text{h}/(\text{kN} \cdot \text{m})$	36.2	46.3	272.0	178.4	281.2	267.3	
	$M_\text{s}/(\text{kN} \cdot \text{m})$	68.7		346.6	268.5	395.8	333.4	
	δ/mm	7.8		81.0	36.2	145.7		

注：混凝土开裂表示混凝土翼缘上表面出现第一条裂缝。P 表示千斤顶加载，M_h 表示负弯矩区实测弯矩，M_s 表示正弯矩实测弯矩，δ 表示跨中位移。

表中负弯矩区的承载力对比显示，用简化方法 4-1(a) 所计算得到的负弯矩区承载力比试验值偏大，尤其第一组 CB1，PCB1 梁而言，第一组属于第Ⅲ类截面，在负弯矩作用下，下翼缘整体失稳，腹板局部屈曲都导致承载力远远低于用简化塑性计算方法图 4-1(a) 所算得承载力值，但与用图 4-1(b) 考虑Ⅲ类截面腹板局部屈曲而扣除中间屈曲部分后计算值吻合良好。由此可以看到，对于Ⅲ类组合梁在负弯矩作用下不考虑局部屈曲所得结果会偏于不安全，用 EC4[14] 方法考虑局部屈曲所得极限承载力基本与试验值相符。CB2，PCB2 梁属于第Ⅱ类截面组合梁，局部屈曲问题对于梁的影响程度低得多，梁达到用简化塑性计算方法如图 4-1(a) 所得承载力值。但值得一提的是，由于组合梁在负弯矩作用下的力学性能受初始几何缺陷和初始力学缺陷影响较大，试验值比较离散。

相比较于负弯矩区的承载力离散与不稳定，组合梁在正弯矩区的承载力则要稳定的多，所计算四根梁正弯矩区最终极限承载力都达到用附录中所述简化塑性方法所计算承载力值，且比较稳定，约为用简化塑性计算方法所计算值的 1.1 倍，这表明，组合梁在正弯矩作用下的承载力值可以用简化塑性方法计算用于实际工程。

图 2-9 给出了试件 CB1，PCB1 和 CB2，PCB2 的跨中挠度-荷载曲

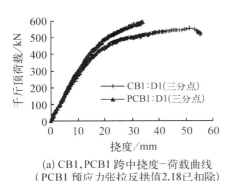
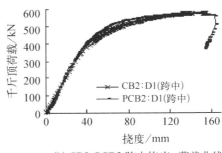

(a) CB1,PCB1 跨中挠度-荷载曲线
（PCB1 预应力张拉反拱值2.18已扣除）

(b) CB2,PCB2 跨中挠度-荷载曲线
（PCB2 预应力张拉反拱值2.6已扣除）

图 2-9　试验跨中挠度-千斤顶加载曲线

线,结合试验现场观测可以发现:挠度-荷载曲线可分为 3 个阶段。当荷载小于中间支座混凝土开裂弯矩对应的荷载时,连续梁处于弹性阶段,混凝土翼缘表面没有裂缝,组合梁荷载挠度曲线呈线性增大。当加载超过负弯矩区混凝土开裂荷载,负弯矩区混凝土板开裂,但试件 CB1、PCB1 和 CB2,PCB2 的荷载挠度曲线没有出现明显的斜率变化,表明:负弯矩混凝土开裂对试件的刚度似乎影响不大,同样的现象也在类似试验中出现[98]。随着荷载的增加,由中支座横向裂缝逐渐向跨中延伸产生斜向 45°方向裂缝,在此阶段腹板出平面变形逐渐凸显,荷载挠度曲线仍呈直线发展。第三阶段:当中支座负弯矩区下翼缘达到屈服以后,钢梁受压翼缘与钢筋都先后屈服,之后,腹板发生出平面变形畸变屈曲,变形明显;荷载-挠度曲线发生了明显转折,此时,邻近支座处钢梁下翼缘出现整体失稳,侧向变形急剧增大,跨中挠度急剧增大,正弯矩区钢梁、钢筋达到屈服,标志正弯矩塑性铰形成。靠近支座附近下翼缘侧向位移迅速增加。在加载到荷载最大值时,CB1,PCB1 的加载点附近出现混凝土压碎爆裂,所配钢筋呈灯笼状鼓起,CB2,PCB2 纯弯段混凝土顶部层状起皮剥落,荷载值迅速下降。负弯矩区钢梁腹板屈曲。测量可知,屈曲半波长约为 0.5 倍腹板高。下翼缘中支座处距邻近肋之间出现半个波的整体失稳。

图 2-9 还显示,仅对负弯矩施加预应力的 PCB2 梁而言,相比较于 CB2 梁,其刚度并无明显变化。而对于正负弯矩区均施加预应力的 PCB1 梁而言,相比较于 CB1 梁,其无论整体承载力还是在普通组合梁出现屈服平台之后的整体刚度均出现较明显的增大。说明对正弯矩区施加预应力可以大大增大连续组合梁的承载能力。

综合现场四根梁的裂缝的产生和发展情况:① 预应力梁的裂缝出现的荷载比非预应力梁裂缝出现时荷载大大提高;② 非预应力梁,当混凝土顶部开裂后,几乎迅速向混凝土板下部延伸形成上下贯通裂缝,而预应力梁则随着荷载的增加,裂缝逐渐加宽和向下部延伸且总体宽度和发展速度要比非预应力梁小;③ 卸荷以后,四根梁的裂缝一定程度均出现弥合,但预应力梁裂缝弥合程度要比非预应力梁好。这些现象显示:在加载初期,预应力增大了负弯矩区的开裂弯矩,提高了组合梁负弯矩区的弹性范围;当进入弹塑性阶段后,两根对比梁的差别尤为明显,预应力梁的刚度明显高于普通梁。

试验梁破坏状态如图 2-10—图 2-13 所示,图中 2-10(b)、图 2-12(b)和图 2-13(b)分别表示各梁负弯矩区在加载结束的混凝土板裂缝分布。图 2-10(c)、图 2-11(c)、图 2-12(c)和图 2-13(c)分别为各梁在加载结束时正弯矩区混凝土板压碎,近距离观看或者抠开爆裂混凝土片可以发现钢筋出现灯笼状压区。图 2-10(d)、图 2-11(d)、图 2-12(d)和图 2-13(d)为加载结束时可以看到的明显的腹板出平面局部屈曲。其中,PCB1 在加载过程中由于加载梁失效,在后期加载过程中采用跨中集中荷载加载,所贴部分图片为 PCB1 集中荷载加载过程中采集。通过进一步的对测量数据分析可以发现破坏时连续梁支座区都发生了整体侧向屈曲。综合各梁破坏状态可以看到,普通连续组合梁、预应力连续梁最终都表现出相似的破坏形式:负弯矩区混凝土板开裂,腹板局部屈曲,钢梁下翼缘靠近支座处发生整体侧扭失稳下翼缘侧向位移迅速增大,正弯矩区钢筋钢梁屈服挠度迅速增大,正弯矩区混凝土压碎。但没有发现栓钉剪断,没有发现钢筋、预应力筋的拉断,没有发现正弯矩区下翼缘板件、负弯矩区上翼缘板件拉断等其他破坏形式。

(a) 试验加载

(b) 负弯矩区混凝土板开裂

(c) 外三分点加载处混凝土层状压碎

(d) 支座负弯矩腹板局部屈曲

图 2 - 10　CB1 试验照片

(a) 试验加载

(b) 负弯矩区混凝土板开裂

(c) 外三分点加载处混凝土层状压碎　　　　　(d) 支座负弯矩腹板局部屈曲

图 2 - 11　PCB1 试验照片

(a) 试验加载　　　　　　　　　　(b) 负弯矩区混凝土板开裂

(c) 分配梁加载处混凝土层状压碎　　　　　(d) 支座负弯矩腹板局部屈曲

图 2 - 12　CB2 试验照片

(a) 试验加载

(b) 负弯矩区混凝土板开裂

(c) 分配梁加载处混凝土层状压碎

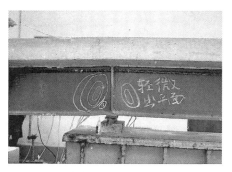
(d) 支座负弯矩腹板局部屈曲

图 2-13　PCB2 试验照片

　　在传统组合梁中,上部混凝土板是作为混凝土"板"的配筋方式进行配筋,当混凝土板承受较大单向压力时,由于缺乏另两方向的有效约束(如箍筋约束),从连续组合梁的破坏形式也可以看出,混凝土板破坏形式为自深层而外的爆裂,纵向钢筋由于没有得到有效的横向约束而呈现灯笼状压区。混凝土爆裂后,构件承载力急剧下降。初步猜想,如将组合梁在正弯矩区的混凝土板配成暗梁形式,即对板混凝土施加有效的箍筋形式的横向约束,将提高组合梁在正弯矩作用下的承载力和延性,此需进一步证实。

2.5.2　钢梁及钢筋应变

　　负弯矩混凝土板内的钢筋应变测量结果如图 2-14 和图 2-15 所

示,图中横坐标为钢筋微应变,纵坐标为千斤顶加载值,Ci 代表混凝土板内钢筋应变片,应变片位置见图 2-5 和图 2-6。两组梁钢筋的屈服强度分别为 338 MPa 和 364 MPa,设钢筋弹性模量 2.1e5 MPa,屈服时的微应变分别为 1 610 $\mu\varepsilon$ 和 1 733 $\mu\varepsilon$。图 2-14 和图 2-15 显示:中支座截面上,应变片布置范围之内混凝土板内钢筋都能达到屈服。然而沿梁长方向,从距离中支座较远部分到中支座截面,钢筋的应变迅速减小。混凝土开裂后,同一横截面上钢筋应变相差不大如图 2-14 中 C3、C5,表明负弯矩区剪力滞后现象不明显。普通组合梁 CB1 施加荷载为 30.7 kN、CB2 施加荷载在 67.1 kN 的情况下,负弯矩区混凝土开裂;而施加预应力后的组合梁由于对钢筋的预应力应力存在,需要较大的消压荷载,开裂荷载大大增大,PCB1、PCB2 中钢筋出现应力突变的位置为荷载 95 kN 和 91 kN,这些说明预应力的施加增加了负弯矩区混凝土的弹性范围。开裂以后(图 2-14 和图 2-15),预应力组合梁混凝土板中钢筋应变增幅也明显低于普通组合梁混凝土板中钢筋应变,说明预应力索对抑制裂缝的出现和延展都有比较积极的作用。

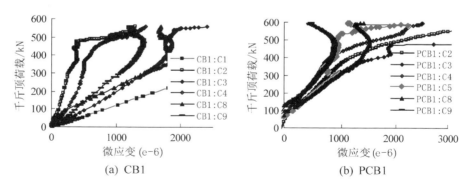

图 2-14 CB1,PCB1 负弯矩区混凝土板内钢筋应变

负弯矩区钢梁、钢筋应变测量结果如图 2-16 所示,为应变片微应变-千斤顶加载图,图中横坐标表示应变,纵坐标表示加载,其中出现正向应变的为钢筋上的应变片,出现负值的为钢梁上的应变片。图 2-16

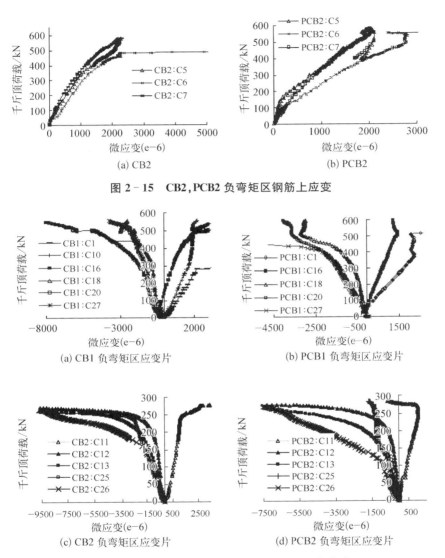

图 2 - 15　CB2,PCB2 负弯矩区钢筋上应变

图 2 - 16　负弯矩区应变片应变-千斤顶加载曲线

显示所有试件在终止加载之前,中支座应变片均超过屈服应变(第一组两根梁屈服应变为 1 610 $\mu\varepsilon$、第二组两根梁屈服应变为 1 733 $\mu\varepsilon$)。每根梁在加载过程中均出现部分应变片应变随荷载的增加出现反向的情况,这说明,支座负弯矩区截面腹板或翼缘均发生局部屈曲。

图 2‐17 所示为钢梁腹板应变分布，CB1、PCB1 分别为 C16、C18、C20 及 C22、C23 位置。横坐标为应变值，纵坐标为应变片距离下翼缘距离。M' 表示加载终了截面的负弯矩截面的极限抗弯承载力试验值。实际加载钢梁由于初始几何缺陷的存在，钢梁腹板截面应力一开始加载就没有表现出平截面假定的应变，但应力分布偏离平截面假定不大，随着荷载的增大，腹板出平面变形越来越快。PCB1、PCB2 相对于 CB1、CB2 而言，由于预应力筋的存在，中和轴略有升高，致使腹板出平面变形更大，偏离平截面假定更严重。

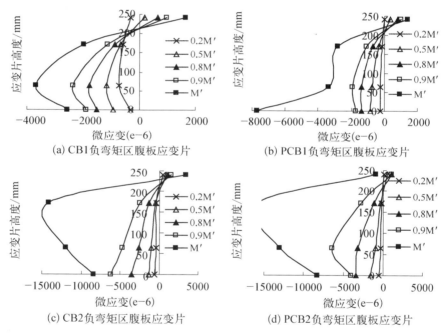

图 2‐17　负弯矩区不同荷载水平下腹板上应变片应变

正弯矩混凝土板内的钢筋应变及正弯矩区钢梁上应变片测量结果如图 2‐18 所示。图中横坐标为应变，纵坐标为千斤顶加载值，其中 C13 为混凝土板应变片。对比图 2‐18(a) 和图 2‐18(b) 中钢筋应变片，可以看出预应力的存在，使梁中应变出现反向变形，消压荷载的存在减

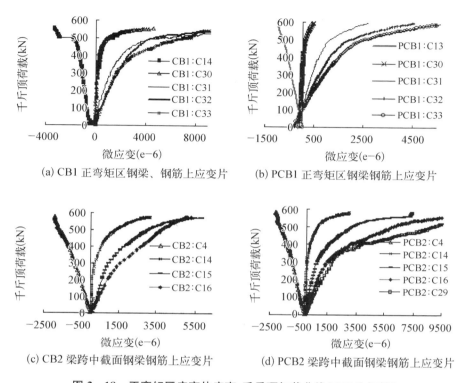

(a) CB1 正弯矩区钢梁、钢筋上应变片 　　(b) PCB1 正弯矩区钢梁钢筋上应变片

(c) CB2 梁跨中截面钢梁钢筋上应变片 　　(d) PCB2 梁跨中截面钢梁钢筋上应变片

图 2-18　正弯矩区应变片应变-千斤顶加载曲线(C13 为钢筋)

小了相同荷载下钢梁中应变片的拉应变值。在极限破坏状态,CB1、PCB1 梁应变片所在截面混凝土压碎爆裂,钢筋出现灯笼状屈曲,CB2、PCB2 梁纯弯段截面混凝土出现层状剥离。由于钢筋在正弯矩受力比较均匀可以认为钢筋与混凝土之间没有滑移产生,钢筋极限应变代表了混凝土的极限压应变。当达到荷载极限时,混凝土压应变在 2 100 $\mu\varepsilon$ 左右,此时,钢梁下翼缘下部应变片应变迅速增大至屈服后,应变加载曲线变弯曲,表示截面进入部分塑性阶段,钢筋、钢梁上应变均进入屈服应变,即全截面塑性假定成立。从试验可以看到,当混凝土压碎之前,整个千斤顶加载-位移曲线都呈现上升阶段,正弯矩混凝土压碎时,则加载曲线呈现下降段。试验中,钢筋所反映出来的极限压应变比较离散,除了 PCB1 钢筋应变值偏小 1 400 $\mu\varepsilon$ 外,其他三根梁受压钢筋极限应变分布

范围大致在 2 400～4 000 με 之间。进一步的分析表明,当正弯矩区混凝土内钢筋超过其屈服应变时,混凝土已超过其最大承载力所对应的压应变值,达到了混凝土材料本构关系的下降段,所以荷载值并无显著增大,故有限元分析中以 3 300～3 800 με 的值作为混凝土破坏终结点,对承载力分析无明显影响。

2.5.3 侧向整体失稳的测量

试验过程中,对 CB2,PCB2 梁钢梁下翼缘的侧向位移进行了测量,结果如图 2-19 所示,图中测点布置位置 D2、D4 测点布置见图 2-6。从图 2-19 上可以看到,当支座负弯矩保持在一定值时,由于梁的初始缺陷,钢梁下翼缘呈随弯矩增大而逐渐出现侧向位移变形,其值大致呈现直线增长。当 CB2 支座负弯矩达到 272.8 kN·m,PCB2 支座负弯矩达到 272.0 kN·m 之时,下翼缘侧向位移出现急剧增大,这可以认为下翼缘出现了侧向扭转失稳,由表 2-7 可知,此时,组合梁已达到全截面屈服状态。

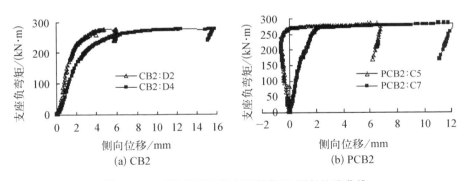

图 2-19 CB2,PCB2 梁支座负弯矩-侧向位移曲线

2.5.4 预应力增量

预应力试件的预应力索初张拉和加载极限荷载时的内力如表 2-8

所示,表中数值为单根索内力。预应力索中内力与千斤顶加载的关系曲线如图 2-20 所示,其中横坐标为单根预应力索内力,纵坐标为千斤顶加载值,图 2-20(b)中的 C36、C37 表示内力值为应变片 C36、C37 所在位置值。PCB2 仅仅为负弯矩区布置预应力筋;PCB1 梁的预应力筋贯穿正负弯矩区,由于预应力索与转向块之间的摩擦,各个水平段的内力不等,随着千斤顶加载的进行,预应力增量的增加,其各段之间的应力差值逐步减小。在 PCB1 梁中,由于预应力筋穿过正弯矩区,预应力筋的变形与梁体在整个梁长上应变协调,在加载初期直到 0.85 的极限荷载之前,预应力筋的内力增量与加载程直线增加,在 0.85 倍的极限承载能力之后即随着正弯矩区钢梁的逐步屈服,塑性铰的形成,预应力索内力增速与加载仍呈直线加快,但速度明显增加。PCB2 梁由于预应力索仅布置于负弯矩区,在加载约 100 kN 即混凝土板开裂前预应力筋随加载较慢速度的直线增长,在混凝土板开裂后,预应力索内力增速与加载仍呈直线加快,但速度明显增加。在极限荷载出现时,增量约为 14%。预应力索通长布置时,内力增长在 34%~54% 之间;预应力索仅布置在负弯矩区时,索中内力增长为 14%,明显小于前者。CHEN[59] 的研究也表明,负弯矩区预应力索由于位置比较靠近中性轴,内力增量较小,且对弯矩抵抗能力的贡献较小,所以,计算截面弯矩能力预应力索的内力增量可以忽略不计。

表 2-8　索中预应力增量

	PCB1			PCB2	
	C38	C39	C40	C36	C37
初始索内力	101	122	125	107	114
极限荷载时	156	164	172	130	129
预应力增量	54%	34%	38%	15%	14%

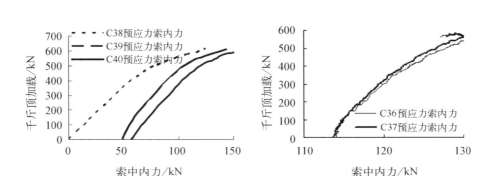

图 2‑20　预应力索中内力与千斤顶加载曲线

2.5.5　梁端滑移的测量

　　试验中,为了测量梁端的滑移,设置位移计于梁端,测量结果如图 2‑21 所示。图 2‑21(a)中纵坐标代表外三分点的截面弯矩,横坐标代表梁端 D8 位移计所测量之混凝土板和钢梁之间的相对滑移量,正值代表混凝土板端部出钢梁端部平面,图 2‑21(b)中纵坐标代表中间两支座处截面负弯矩,横坐标代表梁端 D6 位移计所测量之混凝土板和钢梁之间的相对滑移量,正值代表钢梁端部出混凝土板端部平面。其中 PCB1 曲线比较奇怪,一开始端部滑移值出现比较大值,随着弯矩的增大,滑移绝对值不断减小,分析原因为测点或量表出现问题。无论是正弯矩区端部滑移的还是负弯矩区端部滑移,从曲线上都可以看到,在完全剪力连接条件下,混凝土板和钢梁都会产生滑移,但值不大,约 0.3～0.4 mm。施加预应力之后,如 PCB2 所示,栓钉受力会出现反向,且在反向之后,当梁达到极限承载力时,栓钉承载力达到屈服状态,图上表现为,梁承载力无显著提高时,滑移量持续增大。文献[106‑107]分别以滑移达到 1.25 mm 和 1.4 mm 作为栓钉断裂的标准,而文献[108]认为滑移可达到栓钉直径的 30%,剪力连接件的推出试验证明,连接件的极限承载力和连接件的破坏形式有关,在加载初期,混凝土和钢梁滑移较

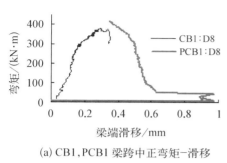

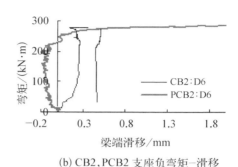

(a) CB1,PCB1 梁跨中正弯矩-滑移　　　(b) CB2,PCB2 支座负弯矩-滑移

图 2 - 21　试验梁承载力-梁端滑移值曲线

小,当滑移 $s<0.5$ mm 时,滑移与推出试验可近似为线性。根据上述文献标准,此试验量滑移曲线 CB1,CB2 基本在线性范围之内,而 PCB2 达到栓钉屈服状态。试验中未发现栓钉剪断破坏。

2.5.6　内力重分布过程

将跨中正弯矩和支座负弯矩区的弯矩值随千斤顶加载值变化的曲线整理如图 2 - 22 所示,图中 M_e'、M_e 分别为用线弹性计算方法所得负弯矩区、正弯矩区弯矩,M'、M 分别为试验所得负弯矩区弯矩,正弯矩区弯矩,从试验值和线弹性值的偏离程度可以看出内力重分布的大小,当没有内力重分布时,试验曲线应和线弹性方法计算的直线相符,与线弹性计算直线偏离值的大小反映了内力重分布的大小。从图上曲线可以看出明显的内力重分布过程,负弯矩区的弯矩向正弯矩区重分布,负弯矩区试验值比线弹性计算值小,而正弯矩区试验值比线弹性计算值大。

连续梁内力重分布的考虑,现有规范大都是通过内支座负弯矩或跨中正弯矩的调幅实现。内支座负弯矩区的调幅系数可定义为

$$\alpha = \frac{M_e' - M'}{M_e'} \qquad (2-7)$$

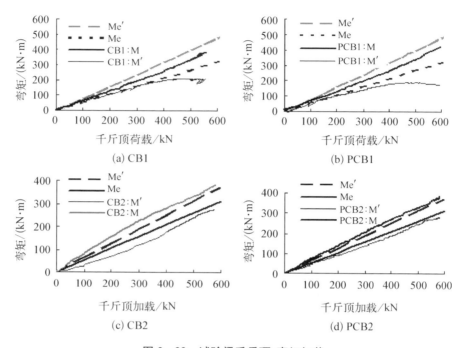

(a) CB1

(b) PCB1

(c) CB2

(d) PCB2

图 2-22　试验梁千斤顶-弯矩加载

跨中正弯矩区调幅系数可定义为

$$\alpha = \frac{M - M_e}{M_e} \qquad (2-8)$$

将千斤顶加载值用横坐标表示,跨中正弯矩区调幅系数和中间内支座负弯矩区调幅系数用纵坐标表示,千斤顶加载和调幅系数曲线整理如图 2-23 所示。

综合图 2-22 和图 2-23,可以看出,随着千斤顶加载,试件工作的内力重分布的全过程可分为四个工作阶段:

第一阶段——未开裂弹性阶段:当荷载小于试件开裂荷载时,梁中支座负弯矩区混凝土翼缘板拉而未裂,横截面包括钢梁截面上各点应变符合平截面假定,滑移可忽略不计,梁的荷载-挠度曲线呈线性关

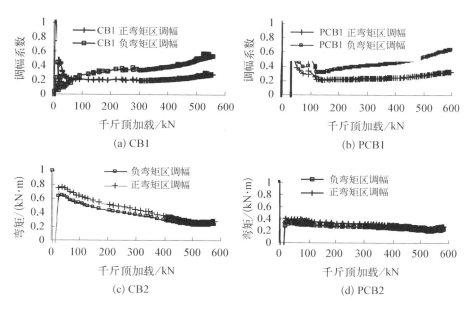

图 2-23　试验梁千斤顶加载-弯矩曲线

系,中支座内力和跨中挠度符合弹性假定计算结果。但在图 2-23 上,出现调幅系数异常变动的情况,这是因为千斤顶标定时采用拟合曲线,当千斤顶实际不曾加载时也会在计算机采集系统上也会读出一定数据,且此时作为分母的弹性弯矩非常小,就出现了弯矩调幅异常的情况。

第二阶段——开裂弹性阶段:当荷载大于开裂荷载时,负弯矩区混凝土开裂,由于混凝土的开裂是个逐步发展的过程,所以并没有看到刚度突变的发生,也没有看到调幅系数或内力曲线出现跳跃的情况。此时,支座处受拉混凝土裂而不宽,跨中钢筋处于弹性状态,如图 2-9 所示挠度-千斤顶加载曲线仍呈线性关系。继续加载,混凝土板不断产生新的裂缝,已出裂缝不断延伸和扩展。

第三阶段——弹塑性屈曲阶段:继续加载至试件极限荷载的 70% 左右时,支座负弯矩区钢筋受拉屈服,支座负弯矩区的钢梁腹板开始逐步突起表现出局部失稳,此时,受拉区混凝土翼缘板裂缝深度贯穿板厚,混凝土板退出工作,图 2-9 所示挠度-千斤顶加载曲线发生较大转折,斜率逐渐减小,截面刚度不断降低,挠度加载曲线呈现明显的非线性。反映在图 2-22 上,即为千斤顶加载-负弯矩区曲线向下弯曲,千斤顶加载-正弯矩区弯矩曲线向上弯曲。支座截面负弯矩处中和轴向钢梁内下移,截面应变逐渐不再符合平截面假定,不再保持刚周边,截面屈曲,支座截面屈曲铰逐渐形成。当荷载达到 0.75 倍极限承载力时左右时,正弯矩区钢梁下边缘开始屈服。弯矩逐步从负弯矩向正弯矩区重分布。CB1、PCB1 梁支座处负弯矩承载力出现逐步下降,调幅系数逐步增大,而 CB2、PCB2 尽管腹板局部屈曲,但承载力仍进一步上升,调幅系数则逐步变小。

第四阶段——塑性阶段:继续加载,支座截面绕弯矩作用方向转动,主裂缝迅速扩展。正弯矩区钢梁屈服部分不断增加,变形增长越来越快。图 2-19 显示当荷载达到 0.95 极限承载力时时,整体失稳发生,中间支座附近截面下翼缘侧向位移加剧,塑性铰在跨中基本形成,跨中挠度急剧发展。同时,图 2-22 中所示尤为明显,当整根梁达到极限承载力时,负弯矩区并为位于极限承载力,而是越过极限承载力在下降段上。所有试件最后均发生正截面弯曲破坏,在破坏时,跨中截面混凝土压碎,中间内支座截面钢梁下翼缘和部分腹板局部受压屈曲,下翼缘侧向整体失稳。最终加载破坏时各梁的调幅系数如表 2-9 所示。

表 2-9 连续梁极限状态时调幅系数

	CB1	PCB1	CB2	PCB2
负弯矩调幅	53%	63%	23%	20%
正弯矩调幅	28%	33%	27%	24%

2.6　本　章　小　结

根据四根连续组合梁的试件设计和试验结果,可以得出如下主要结论:

(1) 负弯矩作用下,施加预应力显著提高了组合梁的开裂荷载,增大了梁的弹性范围。同时,减小了梁的挠度,使预应力组合梁更适合于大跨度。

(2) 组合梁在负弯矩作用下的受压翼缘腹板的局部屈曲限制梁极限承载力的发挥。预应力的施加不能增大组合梁抵抗负弯矩的能力。属于第二类组合梁的 CB2,PCB2 负弯矩区出现局部屈曲和整体失稳时梁截面达到全截面屈服状态,宏观表现为截面达到用简化塑性计算方法所计算承载力;属于第三类组合梁的 CB1,PCB1 在下翼缘刚达到塑性时腹板失去稳定,随之侧向失稳发生,没有达到用简化塑性计算方法计算承载能力。

当整根梁达到极限状态时,组合梁的正弯矩区达到极限承载状态,而此时的负弯矩区承载力并不一定是极限承载力状态,如 CB1,PCB1 中的负弯矩区承载力位于千斤顶加载-负弯矩区承载力的下降段上。

(3) 组合梁承受负弯矩时,力学性能受失稳控制,对初始缺陷比较敏感;承受正弯矩作用的组合梁,无论普通组合梁还是预应力组合梁其承载能力都比较稳定,大致等于用简化塑性计算方法计算值的 1.1 倍,偏安全计,可以用简化塑性计算方法求普通组合梁或预应力组合梁在正弯矩作用下的承载力。

(4) 连续梁试件的受力全过程为:加载、负弯矩区混凝土开裂引起内力重分布、负弯矩区截面屈曲并形成塑性铰、正弯矩区混凝土压碎试件破坏并丧失承载力。

（5）连续组合梁由于混凝土开裂引起负弯矩截面刚度下降,导致在较低荷载下就已发生明显的内力重分布现象。最终内力的重分布程度主要取决于正负弯矩区截面的极限抗弯承载能力。施加预应力之后的连续组合梁相比于普通组合梁,由于负正弯矩区承载能力比值下降,内力重分布程度更显著。

第3章

负弯矩下钢‑混凝土组合梁
有限元建模与分析

3.1 概　　述

　　近年来,有限元方法在结构分析中的应用得到飞速发展[80-85]。对于由多种材料组成的组合梁,其力学性能明显依赖于各组成材料的特征及其相互作用,尤其是在负弯矩作用下,当混凝土开裂,板件屈曲以后,组合梁呈现明显的非线性,按照传统的解析方法很难全面了解其整个受力过程中的变形和内力。采用有限元数值分析还可以扩展模型试验的适用范围,分析复杂结构在各种作用下的性能,验证解析方法的可靠性,还可以克服试验经费和周期的限制,有限元参数分析方法还可以模拟各种因素的影响。因此,采用有限元模拟预应力组合梁试验的全过程是一种很好的"试验"手段。

　　受负弯矩作用的组合梁和连续组合梁的有限元分析主要关注:弹性失稳分析、局部屈曲和整体失稳分析、极限状态的承载力、屈曲后的变形分析及内力重分布性能等。材料的本构关系、滑移曲线等可根据试验和相关理论公式以反映混凝土、钢材、栓钉变形以及混凝土开裂等非线性特征。

本章通过建立组合梁的计算模型来模拟组合梁的非线性屈曲,采用 ANSYS 和 ABAQUS 大型通用计算机软件,对预应力连续组合梁进行了三维非线性分析。

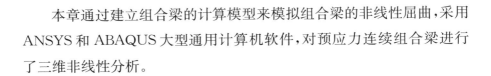

3.2 单元类型

有限元模拟计算中,如欲以合理的计算代价达到较精确的结果,正确的单元选择是非常关键的。ANSYS 和 ABAQUS 作为时下比较流行的通用有限元软件,都提供了庞大的单元库供工程师和科研人员选择。

3.2.1 ANSYS 单元类型选择

混凝土采用八节点的 Solid65 实体单元建模。该单元能够模拟拉裂和压碎效应,还可以用加筋功能建立钢筋混凝土模型。单元八个节点,每个节点三个自由度。该单元可以定义为三种不同规格的弥散型钢筋以反映各向异性的性能,并可以提供非线性材料处理功能,如能够反映材料的断裂、压碎、塑性变形和蠕变等行为。单元的几何形状和节点位置如图 3-1(a)所示。建模时使用了 Solid65 单元的拉裂功能,为提高收敛效率,关闭混凝土的压碎效应,生成的单元均为六面体形状。弥散型钢筋只用于模拟混凝土板的横向配筋,纵向钢筋则由三维空间杆单元单独建模。网格划分时,一般而言网格越小,计算精度越高,然由于混凝土软化特性,当网格太小时计算容易造成计算不收敛,以下研究组合梁混凝土板多厚 100 mm 左右,综合考虑上下钢筋层配置,网格沿厚度方向划分为 3 层。

当模拟一维尺寸(厚度)远小于另外两维尺寸,且沿厚度方向应力可以忽略的结构时,可以采用壳单元。钢梁板件建模采用四节点 Shell 181 塑性大应变壳单元建模。该单元每个节点有平动和转动共六个自由度,并具有塑性、蠕变、应力刚化和大应变分析等功能。单元的几何形状和节点位置如图 3-1(b)所示。模型中用不同厚度的 Shell 181 四边形单元分别对钢梁的翼缘、腹板进行网格划分。所有单元网格形状均为矩形,尺度基本为 50 mm 左右。

　　纵向钢筋、预应力索采用 Link8 三维杆单元建模。该单元是杆轴方向的拉压单元,每个节点有三个平动自由度,单元不承受弯矩和剪力作用。具有塑性、蠕变、膨胀、应力刚化、大变形、大应变等功能。单元的几何形状和节点位置如图 3-1(c)所示。不考虑钢筋和混凝土之间的滑移,不考虑预应力索与转向块之间的滑移,钢筋与混凝土单元、预应力索与转向块单元通过共用节点的方式直接连接。

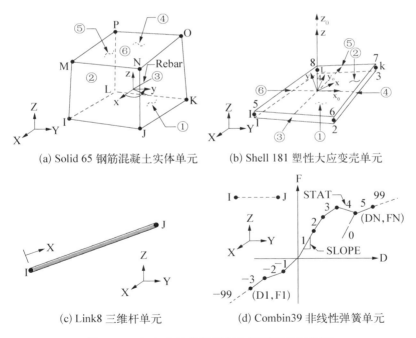

(a) Solid 65 钢筋混凝土实体单元　　　(b) Shell 181 塑性大应变壳单元

(c) Link8 三维杆单元　　　(d) Combin39 非线性弹簧单元

图 3-1　ANSYS 软件模拟组合梁所用单元类型

弯矩作用下,混凝土和钢梁之间的黏结滑移效应可能会对组合梁的承载力和弯曲刚度有一定影响。为了反映这种效应,有限元模型中,组合梁的栓钉纵向抗剪作用由 Combin39 非线性弹簧单元模拟。该单元的荷载-变形曲线通过数据表定义,如图 3-1(d)所示。

3.2.2 ABAQUS 单元类型选择

混凝土板采用三维 20 节点的二次减缩积分单元 C3D20R,单元模型如图 3-2(a)所示。减缩积分单元比完全积分单元在每个方向上少用一个积分点,如图 3-2(b)所示,即使受有复杂应力状态,二次缩减积分单元也不易受影响而导致锁死。因此一般而言,除了包含较大应变的大位移模拟和一些接触分析外,这种单元对通用的应力/位移模拟是最好的选择。

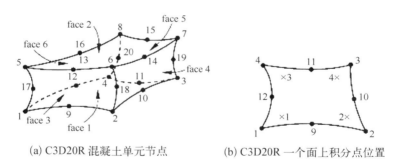

(a) C3D20R 混凝土单元节点　　　　(b) C3D20R 一个面上积分点位置

图 3-2　C3D20R 单元示意

ABAQUS 壳单元的选择中,宜根据研究的对象首先判断是属于薄壳还是厚壳问题。如果单一材料制造的各向同性壳体的厚度和跨度之比在 1/20～1/10 之间,认为是厚壳问题;如果比值小于 1/30,则认为是薄壳问题。钢梁采用 8 节点二次减缩积分壳单元 S8R,厚薄壳均适用。属于四边形二次壳的缩减积分单元,对剪力锁闭和薄膜锁闭均不敏感。在进行数值积分时,需要指定壳厚度方向的截面点数目为任意奇数,对于线性情况下,三个截面点已经可以满足沿厚度方向的精确积分,默认情况下,ABAQUS 在厚度方向上取 5 个截面点,在各向同性壳而言,处理大多数非线性问题已经足够。本课题遇到组成钢梁各板件的局部屈曲问题,比较复杂,采用 9 个截面积分点。

钢筋及预应力索均采用三维一次桁架单元 T3D2,不考虑钢筋和混凝土之间的滑移,不考虑预应力索与转向块之间的滑移,钢筋与混凝土单元、预应力索与转向块单元通过共用节点的方式直接连接。钢梁与混凝土板的连接采用三维 2 节点弹簧单元 SPRING2。

3.3　材料参数[84,109-110]

混凝土本构的研究已有较长历史,很多学者提出了各种不同的数学表达式。组合梁混凝土翼缘板主要受沿梁轴线方向拉力或压力的作用,混凝土本构关系主要考虑单向拉压状态下的应力应变曲线。

在混凝土单轴受压的应力应变表达式中,美国学者 Hongnestad 提出的上升段为抛物线,下降段为斜直线的表达式,表达简洁,又抓住了主要特征,是目前世界上应用最广泛的曲线之一。Hongnestad 建议理论分析时,极限应变取 0.003 8,并建议极值点时的应变取 2 倍的极值应力除以初始弹性模量,如图 3 - 3(a)所示。

混凝土拉伸曲线的数学表达式,大多数学者主张上升段用直线,主要区别在于下降段,有单直线下降,分段(2 段)下降,多段下降,曲线(幂函数,自然指数函数)等表达式。本模拟采用多段下降表达下降段,极限应变为 0.000 93,如图 3 - 3(b)所示。

ANSYS 分析中的混凝土破坏准则采用 $W - W$ 五参数破坏准则。ABAQUS 分析混凝土破坏采用塑性损伤模型。

钢材和预应力索的材料本构关系采用多线性等向强化模型如图 3-3(c)和图 3-3(d)所示。其中普通钢材的 $E_{st}=E_s/30$,预应力索的 $E_{st}=E_s/10$。

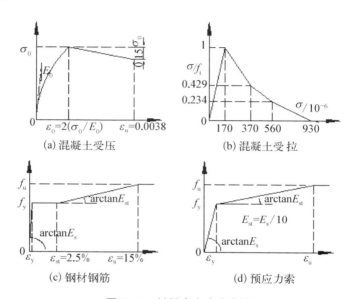

(a) 混凝土受压　　　　(b) 混凝土受拉

(c) 钢材钢筋　　　　(d) 预应力索

图 3-3　材料应力应变曲线

钢梁采用 Von-Mises 屈服准则,其屈服条件为:当应力 $|\bar{\sigma}| \geqslant f_y$ 时,则认为该单元屈服。其中 $\bar{\sigma}$ 为单元节点的平均应力值。

3.4　建　模　思　想

3.4.1　混凝土板和钢梁之间的相互作用

大量的试验已经表明,无论是在正弯矩[99-100]作用下还是负弯矩作用下[101-102],即使钢梁和混凝土之间采用完全连接方式连接,混凝土和钢梁之间在受荷时仍然会产生滑移,这一定程度会降低组合梁的承载能力和刚度,但当滑移量较小时,由于钢材进入强化段后,一定程度地可以弥补滑移所带来的影响[103],用简化计算方法求承载能力时,可以不考虑滑移带来的不利影响,但还是会减小构件的刚度[104]。

现有研究成果提出了多种栓钉的纵向剪力-滑移曲线,其中比较广泛的为 Ollgaard 提出的模型[105]:

$$Q = Q_u (1 - e^{-0.702s})0.4 \qquad (3-1)$$

对应栓钉的极限滑移值,现有文献提出了不同的判断标准。文献[106-107]分别以滑移达到 1.25 mm 和 1.4 mm 作为栓钉断裂的标准,而文献[108]认为滑移可达到栓钉直径的 30%。剪力连接件的推出试验表明,在加载初期,混凝土和钢梁滑移较小,当滑移 $s < 0.5$ mm 时,滑移与推出试验可近似为线性。

有限元方法模拟组合梁的时候,栓钉的模拟是一个关键的问题。现有文献中,常用的栓钉的模拟方法为:① 用悬臂梁单元模拟剪力钉[111-112];② 弹簧单元,一个弹簧对应一个栓钉[113-114];③ 弹簧单元和梁单元配合模拟[115]。

采用悬臂梁单元模拟剪力钉,如图 3 - 4(a)所示。实际情况为栓钉除了一端焊接在钢梁上,除此面外皆埋于混凝土中,无论是推出试验做出的剪力-变形曲线或是有限元推出模拟的剪力-变形曲线都表明:混凝土与钢梁之间的力-位移曲线与悬臂梁端受剪力的弯剪曲线有较大的区别。此外,采用悬臂梁模拟栓钉的刚度计算中,均假定栓钉为小变形,栓钉一端的变形为线性变形,假定悬臂梁与钢梁锚固点的直角在变形过程中不变,如图 3 - 4(b)所示,则悬臂梁刚度取栓钉实际变形的割线刚度:

$$\frac{3EI}{l^3} = \frac{Q_u (1 - e^{-0.7\delta})0.4}{\delta} \qquad (3-2)$$

式中,l 代表栓钉高度;Q_u 为栓钉极限抗剪承载力;δ 为取栓钉实际变形割线刚度时的变形值；EI 即为悬臂梁(栓钉)的刚度。

然而,在模拟的过程中,会出现如图 3-4(c)所示的现象:悬臂梁与上翼缘节点通过相同节点或两节点耦合自由度方法连在一起,然而在加载过程中,悬臂梁与上翼缘不再保持直角,而是变形为锐角。使悬臂梁两端的相对位移远大于假定夹角不变时的变形值。这样会使钢梁混凝土板之间滑移远远超出实际滑移值,组合梁刚度下降,承载力降低。

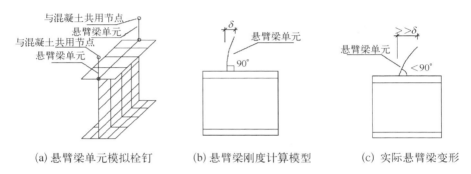

(a)悬臂梁单元模拟栓钉　　(b)悬臂梁刚度计算模型　　(c)实际悬臂梁变形

图 3-4　悬臂梁模拟栓钉图

另一种常见的模拟方法采用弹簧单元,弹簧单元一端固定于钢梁表面,一段固定于混凝土板下表面,这种方法的好处是可以利用既有的推出试验的栓钉承载力变形曲线定义弹簧的力-位移关系。这种模拟方法存在的问题是:混凝土抗拉强度较低,受弹簧拉力作用,会出现混凝土底板很快拉坏而引起求解的不稳定。用梁单元和弹簧配合的第三种方法初衷为模拟栓钉对混凝土的局压作用而产生的混凝土板纵向开裂或者利用悬臂梁的空间长度配合弹簧单元连接钢梁与混凝土板,但由于涉及弹簧单元与梁单元的串联连接,会产生第一种方法和第二种方法同样的问题。

在总结前人研究的基础上,本文采用以弹簧群来模拟单个栓钉,即一个栓钉用多个弹簧并联模拟。可有效地将栓钉和混凝土板之间的关系力分散到多个混凝土节点上,降低了混凝土节点上的应力集中,保证了求解的稳定。根据圣维南原理,这种等效建模对距离所模拟栓钉一个弹簧群数量级长度以外的地方并不产生其他的影响。弹簧群中单个弹簧的非线性本构关系中的力等于栓钉实际的力除以弹簧的个数。弹簧群建模可以采用 ANSYS 的 APDL 强大的编程功能轻松实现(ABAQUS 建模同样也可以通过相似方法实现)。

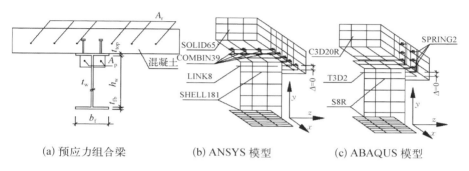

(a) 预应力组合梁　　　(b) ANSYS 模型　　　(c) ABAQUS 模型

图 3‑5　有限元模拟预应力组合梁单元示意

3.4.2　钢筋、预应力筋的建立

钢筋混凝土中钢筋的有限元模拟常用的主要有两种方式:

(1) 整体式。通过常数定义或者命令使钢筋弥散入实体单元中。ANSYS 中有专为混凝土开发的 Solid65 单元,定义钢筋时,可以通过常数定义的方式将钢筋弥散其中;ABAQUS 则采用 rebar layer 的办法,在 part 里面画面,在 property 里面定义 surface 为 rebar layer,后 embed入混凝土实体中。此种建模方法比较简单,便于实现,且不会出现钢筋与实体单元连接点应力集中问题,求解稳定性较好。

(2) 分离式。将钢筋单独用杆单元或者梁单元建模,然后通过一定的方式和混凝土节点相连。第二种方法需要单独选择单元并且需要考虑钢筋单元如何与实体单元节点连接的问题,比较复杂。然此种方法可以考虑钢筋与混凝土之间的滑移,且位置精确,后处理方便,查看钢筋单元的应力比较直观。

本文钢筋建模综合采用此两种建模方法。将纵向钢筋通过杆单元建模,不考虑钢筋和混凝土之间的滑移,通过共用节点的方式和实体单元节点连接。其他方向的构造钢筋则采用弥散钢筋配置方法解决,以保证求解的稳定。

预应力索的建模。实际工程中,转向块一般不对预应力索进行滑动约束,然而预应力索与转向块之间又存在一定的摩擦。折线预应力索在受力后,会出现预应力筋沿转向块滑动的现象,同时,转向块对预应力索的滑动摩擦又很难估计这给有限元精准模拟带来困难。本研究在建模的过程中不计材料的流动,预应力索单元和转向块共用节点的形式。计算结果表明,各端预应力索之间最终的应力差与各段索应力比基本维持在 10% 范围之内,可以认为各段索之间应力连续,简化对计算结果不产生显著影响。

3.4.3 预应力及外荷载的施加

结构分析中常用的预应力张拉模拟方法有:力模拟法、初应变法和等效降温法。力模拟法将预应力索等效为所加外力,模拟过程中不建立预应力索单元而是通过在结构上施加力的方式模拟预应力作用,此种方法所建立模型单元较少,但无法模拟预应力增量的大小。初应变法是通过定义单元常数的方式赋予单元一初始应变,能模拟预应力增量的大小,适用于预应力不太大且收敛性能比较好的结构,但对于预应力较大且能引起比较大非线性反应的结构容易导致计算的不收敛和求解的失败。等效降温法是个不错的方法:将预应力索降温使之收缩以有效地模拟预应力张拉过程,降温过程作为一个求解的过程,通过设定和调整求解步数,可以缓缓地将荷载施加上,从而保证求解收敛。有限元分析时可以先较为粗略根据在一定弹性模量、收缩系数条件下的应力与温度关系取定一个温度进行求解,根据由此得到的预应力索的预拉力来调整温度荷载的数值进行第二次运算,再进行调整运算,直到索拉力恰好达到试验锁定预应力为止。

　　失稳的求解,很多研究者比较推崇弧长法。弧长法作为结构非线性分析算法,具有很强的结构负刚度求解能力,已被广泛应用于结构的几何非线性有限元分析,甚至可以跟踪跃越失稳。但本文作者通过反复试算发现该方法用于混凝土结构非线性分析时,计算结果并不稳定,初始弧长的设置对计算结果影响极大,故而舍弃。考虑到组合梁在负弯矩作用下的稳定,无论局部屈曲还是整体失稳都是极值点失稳,因此采用加位移求解方式,用 N‐R 方法求解。计算结果表明,收敛性能和计算精度都能取得较好的效果。

3.4.4　有限元方法进行稳定分析的思想

　　采用有限元方法求解结构稳定问题,主要有:特征值屈曲分析和非线性屈曲分析。

　　特征值屈曲分析用于预测一个理想弹性结构的理论屈曲强度(分叉点),相当于弹性屈曲分析。使用特征值的公式来计算造成结构负刚度的应力刚度矩阵的比例因子:

$$([K]+\lambda[S])\{\Psi\}=0 \tag{3-3}$$

式中,$[K]$ 为刚度矩阵;$[S]$ 表示应力刚度矩阵;$\{\Psi\}$ 为位移特征矢量;λ 为特征值。

　　上述关系代表经典特征值问题。为了满足(3‐3)关系,必须有

$$\det[[K]+\lambda[S]]=0 \tag{3-4}$$

　　在 n 个自由度的有限元模型中,上述方程产生特征值的 n 阶多项

式,这种情况下,特征向量 $\{\Delta u\}_n$ 表示屈曲时叠加到系统上的变形,由计算出 λ 的最小值为给定弹性临界荷载 $\{P_{cr}\}$,其所对应的模态称为第一阶屈曲模态,在这个模态下的屈曲位移变形也是结构变形能量最低模态的变形。

研究表明,如图 3-6(a)组合梁承受负弯矩并处于极限状态时,截面混凝土开裂,混凝土对截面抗弯作用可忽略。若混凝土板对钢梁的扭转约束大于腹板对受压翼缘侧向变形约束的 10 倍以上,混凝土板对钢梁上翼缘扭转约束可视为完全刚性[116]。为简化力学模型并反映组合梁失稳特征,求组合梁在弹性临界抗弯承载力的有限元建模采用如下基本假定:① 建模中不计开裂混凝土;② 混凝土板对钢梁的扭转约束 K_{tor}、横向约束皆为无穷大;③ 不考虑混凝土翼缘剪力滞后对钢筋受力的影响。通过改变钢梁上翼缘面积来等效负弯矩区纵向钢筋的影响,等效的原则是不改变截面弹性中和轴的高度[117],这样的模型称为扭转约束钢梁计算模型(Restrained Distortional Buckling,RDB),见图 3-6(b)。

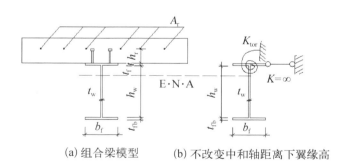

(a) 组合梁模型　　(b) 不改变中和轴距离下翼缘高

图 3-6　有限元求组合梁弹性临界承载力

实际工程必须考虑非线性初始缺陷等因素的影响。非线性屈曲考虑初始缺陷和非线性的影响,分析比线性屈曲分析更符合实际。该方法实质是将初始缺陷和非线性的性质施加到结构上,从而将结构的非线性稳定问题表述为极值点失稳问题。

3.4.5　初始缺陷的施加

现实的钢构件都是用弹塑性材料制成,既有几何缺陷又有力学缺陷。几何缺陷主要是构件并非平直,或多或少有一定初始弯曲、初始扭曲、初始板件不平等,另外组合截面的制造偏差和构件的安装偏差都可以使荷载作用线偏离理想平面,从而形成初始偏心。力学缺陷主要为加工残余应力。研究表明,组合梁在负弯矩作用下的稳定性能受初始缺陷影响较大,属于初始缺陷敏感类型。

1.初始几何缺陷

稳定分析中初始几何缺陷的施加有两类典型方法:一类是确定性方法,其代表是一致缺陷模态法,该方法认为屈曲模态是临界点处的结构位移趋势,也就是结构屈曲时的位移增量模式,结构的最低阶临界点所对应的屈曲模态为结构的最低阶屈曲模态,结构按该模态变形将处于势能最小状态,所以对实际结构而言,在加荷的最初阶段即有沿着该模态变形的趋势。可以想象,如果结构的几何缺陷分布形式恰好与最低阶屈曲模态相吻合,这无疑将对其受力性能产生最不利影响。另一类为随机缺陷的方法,其代表是随机缺陷模态法,该法是基于统计规律基础上的,因此更能反映结构的实际情况。但这种方法的前期统计工作量较大且实际构件初始缺陷也较离散,因此不宜在工程设计中应用。现实工程中多采用一致缺陷模态法,实际操作即为将第一阶屈曲模态乘以一个放大系数即为结构的初始几何缺陷。本课题采用的方法即为将特征值屈曲分析所得第一阶屈曲模态乘以初始缺陷放大系数(Imperfection factor)来模拟实际构件中的初始缺陷。

至于初始几何缺陷的取值,不同的研究者给出了不同的取值。为研究不同的初始几何缺陷对于极限承载能力的影响和屈曲后结构力学性能的影响,作者以文献中[56,58]试验为依托,用 ABAQUS 程序对不同初始几何缺陷下的构件进行了模拟,计算结果如图3-7所示,从图上可以看出,组合梁在负弯矩作用下,截面受力性能对初始缺陷比较敏感。随着初始几何缺陷的增大,极限承载能力降低,但随着初始几何缺陷的增大,构件达到极限承载能力后下降越快,其承载力差逐步减小。

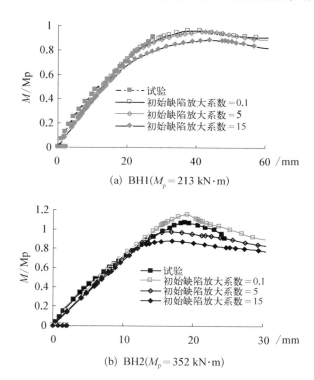

(a) BH1(M_p = 213 kN·m)

(b) BH2(M_p = 352 kN·m)

图3-7 初始几何缺陷对负弯矩区受力性能的影响

对于整体失稳中初始缺陷的施加,现行《钢结构工程施工质量验收规范》[118]规定型钢矫正后的允许矢高应小于$L/1\ 000$且不超过5 mm,如图3-8(a)所示,L为钢梁跨度。至于局部屈曲时初始缺陷的施加,现行《钢结构工程施工质量验收规范》规定钢材矫正后的钢板局部平面不平度如图3-8(b)所示。以下研究中,如无特殊说明,均按现行规范取值。

(a) 整体失稳时初始几何缺陷　　　　　(b) 局部屈曲时初始几何缺陷

图 3-8　模拟失稳结构施加初始几何缺陷

2. 残余应力

残余应力的分布和许多因素有关系[74,76]。大量的试验和研究都证实,残余应力在构件截面上的分布变化多端,它既与构件加工时的焰割、焊接过程有关,又和加工过程后的冷却过程、环境有关,即使同一形式的构件但截面尺寸不同、板件厚度不同,残余应力分布还有很大的差别,十分复杂。残余应力对构件性能的影响程度,主要取决于残余应力的大小、变化情况、分布宽度以及在截面上占据的部位。作用机理为残余应力使构件在应力作用下部分提前屈服,从而削弱构件的刚度。为简化计,本研究中残余应力主要考虑两种状态:① 轧制截面梁见图3-9(a);② 焰割焊接截面梁见图 3-9(b)。

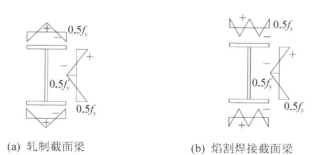

(a) 轧制截面梁　　　　　　　(b) 焰割焊接截面梁

图 3-9　截面残余应力分布图

3.4.6　失稳类型的判定

组合梁的工字钢梁由若干板件组成。承受负弯矩下,组合梁工字钢梁下翼缘受到沿纵向作用于板件截面的压力,腹板受沿纵向作用于板件截面的压力和横向作用于板件截面的剪力共同作用。当压力或剪力大到一定程度,个别板件可能发生波形凸曲屈曲,丧失局部稳定,或者腹板出平面弯曲、下翼缘侧向屈曲,整个构件发生侧向畸变屈曲。

进行组合梁稳定状况下的有限元受力分析、初始几何缺陷的施加、判断梁的破坏模式,都要判断构件的失稳类型。组合梁的失稳类型有整体失稳,局部屈曲和整体和局部的相关屈曲。采用有限元软件分析中,失稳类型的判断准则可分为以下两类:

(1)特征值屈曲即弹性临界屈曲分析中,整个构件最低阶模态的变形值最大点,若为下翼缘上且为侧向方向,则为整体失稳,如图 3-9(a)所示;若变形值最大点为腹板上或虽为翼缘上但位移方向为出板件平面,则为局部屈曲如图 3-9(b)所示。

(2)在极值点失稳分析中,整体稳定的判断依据是承载力和下翼缘侧向变形的曲线,若构件承载力下降同时下翼缘侧向变形增大,说明构件整体上不能保持稳定。

局部失稳的判定还可以通过板件的出平面位移和承载力的关系或者沿厚度分布的积分点上的应力状态判定:① 分析中若板件某一点出平面的位移随着沿厚度方向中间积分点应力增加不断增大,直至某一值时,出现积分点应力下降,板件出平面位移反而不稳定增加,则表示该点发生了局部屈曲;② 有限元软件对于壳单元提供了比较便利的查看沿厚度方向分布的积分点状态的后处理,具体地说就是可以在前处理中定义沿厚度方向的奇数个积分点个数,这些积分点沿厚度方向排开,最小的编号积分点(编号为 1)和最大的积分点则代表了壳单元的两个侧面。没有局部失稳发生时次两积分点上应力为同进同退,发生局部失稳时的积分点上应力表现为两个积分点上应力反向而动。

我国钢结构设计规范[66]认为双轴对称等截面工字型简支梁当弹性

阶段整体稳定系数 $\varphi_b = 2.5$，相应于修正后的弹塑性阶段的稳定系数 $\varphi_b' = 0.95$ 时，梁的截面将由强度条件而不是稳定条件控制。这显然为梁的稳定判断提供了一条简便途径。

3.5　有效性验证

3.5.1　ANSYS 求解简支梁承受负弯矩的弹性临界承载力

选用文献[119]的例子进行计算比较。模型梁 X_1 的截面尺寸为上下翼缘中线之间距离为 935 mm，腹板厚 18.5 mm，翼缘宽 300 mm，翼缘厚 35 mm，承受纯弯荷载，两端简支。采用特征值求解方法，对梁跨中一点施加全约束以保证求解稳定。计算模型边界条件对稳定计算结果能产生很大影响。简支梁端部构造措施应能保证梁端弯曲和翘曲不受约束，但同时还应保证梁端不能扭转。理想的构造方式为"刀口支座"＋"夹支"，即夹支或叉支[76]。有限元模型可通过直接对节点的位移约束实现。计算结果和相关文献计算结果如表 3-1 所示。

表 3-1　有限元和文献计算弹性稳定临界值结果比较

mm，MPa

所选截面	跨　度	σ_{el}^{ansys}	σ_{el}^{a}	σ_{el}^{b}	σ_{el}^{c}	σ_{el}^{d}
$X1$	7 399	472	494	484	484	410
$X1$	12 333	524	535	521	438	410
$X1$	30 830	479	492	483	414	410

注：表中临界应力的计算：$\sigma_{el} = \dfrac{M_{cr} y}{I_{cr}}$

式中，y 为弹性中和轴距受压翼缘距离；I_{cr} 为钢梁和钢筋组成截面的弹性惯性矩；M_{cr} 为弹性临界弯矩，为如下 5 中方法计算结果；σ_{el}^{ansys} 为有限元计算的临界应力；σ_{el}^{a} 为考虑进钢梁圣维南扭转常数和部分腹板对稳定贡献的计算模型计算结果[119]；σ_{el}^{b} 为基于卡曼薄板理论（von carman thin-plate theory），考虑腹板高度 15% 和受压翼缘组成弹性地基压杆模型失稳临界承载力；σ_{el}^{c} 为欧洲规范[14]的方法即 $M_{cr} = \dfrac{k_c\, C_4}{L}$

$$\sqrt{\left(GI_{at} + \dfrac{k_s\, L^2}{\pi^2}\right) E_a\, I_{afz}}$$；σ_{el}^{d} 为考虑开口工字钢 I_{at} 较低，对欧洲规范进行简化所得无 I_{at}、梁长 L 的简化计算方法[4] $M_{cr} \approx \dfrac{k_c\, C_4}{\pi}$

$$\sqrt{k_s\, E_a\, I_{afz}}$$ 计算结果。其余符号定义可参见原文献。

结果数据对比显示：对于开口截面弹性临界承载力的计算，欧洲规范算法[14]和不考虑圣维南扭转的简化计算方法，尽管计算简便但比较偏于保守。各算法与有限元模型相比大致符合，这一方面说明了各简化算法一定的合理性，同时也证明了所用有限元模型的正确性。

3.5.2 ANSYS 求解简支梁承受负弯矩的弹塑性极限承载力

采用樊健生试验结果[120]来验证 ANSYS 有限元求解组合梁在负弯矩作用下的非线性分析能力。樊健生试验为组合梁倒置两点加载，梁受负弯矩作用，如图 3-10 所示。有限元分析中加载方式为翼缘中线一节点上施加位移。有限元计算弯矩-挠度曲线与试验曲线的比较见图

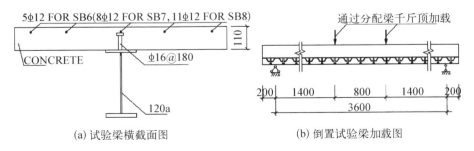

| (a) 试验梁横截面图 | (b) 倒置试验梁加载图 |

图 3-10　樊健生试验[120]梁图

3－11,图中横坐标为跨中挠
度,纵坐标为加载所形成之纯
弯段弯矩。

　　图 3－11 显示,试验曲线
和分析曲线符合程度较好。
但也发现:ANSYS 分析曲线
比试验曲线相比,分析曲线达
到极值点后在后偏低,可能原

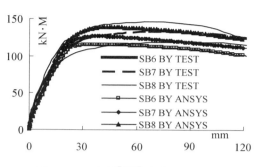

图 3－11　文献[120]试验和 ANSYS
分析对比曲线

因为:① 由于原文献没有给出初始几何缺陷值,本文采用缺陷分布为
最不利分布,大小为规范允许的最大值,而试验梁的缺陷比此要低很多。
② 建模没有考虑轧型钢板的影响。③ 对跨间加载的试验组合梁而言,
跨间畸变屈曲发生时,相比较于数值分析对单个节点进行加载,试验室
试验为分配梁通过加载钢辊传到钢梁受压翼缘上,相当于人为的对梁截
面进行了多余约束,造成比数值分析值大的现象。

　　另外模拟了文献介绍比较详细的两组试验[121,122],模拟结果和试
验结果数据见表 3－1,其中 M_p' 为用全截面塑性简化算法计算值。从表
中也可以看到,ANSYS 在计算负弯矩下的组合梁的极限承载力时与试
验结果吻合,其精度满足进一步参数分析的要求。

表 3－2　试验梁[120-122]几何参数及计算结果表

mm,kN·m

参考文献	编号	钢梁型号	配　筋	M_p'	试　验		有限元	
					$M_{\max}$	$\varphi = M_{\max}/M_\mathrm{p}'$	$M_{\max}$	$\varphi = M_{\max}/M_\mathrm{p}'$
文献[121]	L1	I20b	11Φ8+10Φ16	167	163	0.976	160	0.958
	L2	I20b	11Φ8+6Φ16	148	149	1.007	145	0.979
文献[122]	SCB5	I20a	6Φ12+7Φ6	123	132	1.073	131	1.065
	SCB6	I20a	10Φ12+7Φ6	140	144	1.028	140	1

续　表

参考文献	编号	钢梁型号	配　筋	M'_p	试　验		有限元	
					M_{max}	$\varphi = M_{max}/M'_p$	M_{max}	$\varphi = M_{max}/M'_p$
文献 [120]	SB6	I20a	5Φ12	114	118	1.035	116	1.018
	SB7	I20a	8Φ12	131	133	1.031	127	0.969
	SB8	I20a	11Φ12	144	146	1.012	139	0.965

3.5.3　ABAQUS 在求解简支梁负弯矩下的极限承载力和变形能力

采用上述有限元分析模型,对 Ayyub[42-43] 所研究的预应力组合梁试件进行了非线性分析。Ayyub 共进行了 5 根负弯矩作用下倒支简支梁模拟连续梁负弯矩区的受力性能试验,试件采用混凝土板中配有黏结预应力筋,钢梁另加无黏结预应力筋,钢梁腹板上加横向加劲勒,并布置支承防止整体失稳的发生。另外 Ayyub 还对试验结果用自编程序进行了分析,分析方法采用逐步增加变形的方法,不考虑失稳的影响。限于篇幅,本文只是对其中的 A,B 梁进行模拟以验证有限元模型的正确。试验和有限元分析中均出现跨中腹板出现局部屈曲而后梁承载力降低而破坏。试验曲线、Ayyub 计算曲线及本文采用的有限元计算的跨中位移-荷载曲线如图 3-12 所示,其中,横坐标表示跨中的挠度,纵坐标

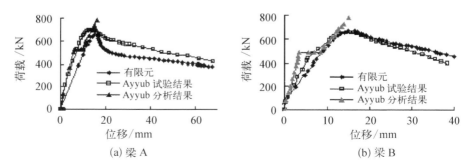

(a) 梁 A　　　　　　　　　　　(b) 梁 B

图 3-12　考虑失稳的有限元模拟结果和 Ayyub 试验结果对比

表示跨中加载值。

图 3-12 比较结果表明：Ayyub 的分析结果由于没有考虑腹板的局部稳定问题,无法正确地求出组合梁极限承载能力和屈曲后梁的受力性能,本文采用的有限元模型通过考虑初始几何缺陷和非线性的影响,完整地求出了梁屈曲前后的受力性能曲线,曲线对比表明无论极限承载力和屈曲后的变形性能,试验和有限元计算结果吻合。

3.5.4　连续组合梁 ABAQUS 分析

由于商业软件开发背景的不同,对一些问题的求解能力有强有弱。ANSYS 软件有专门的混凝土单元,这给混凝土的模拟带来便利,但作者在模拟简支组合梁承受正弯矩,或者对连续组合梁的模拟中(跨中部分混凝土受压),发现即使按一般教材或帮助文件中所述的"关闭"混凝土压碎功能以有助于收敛,在混凝土达到部分压碎时仍然不能有效求解,更不用说整根梁的屈服平台或是下降段。但 ABAQUS 软件的非线性求解则能很好地模拟整根梁屈服平台甚至下降段。故本课题在对组合梁的数值模拟中,互相对照或扬长避短有选择地使用此两种软件,取得了较好的模拟效果。

运用 ABAQUS 有限元软件对第 2 章的四根连续组合梁试验进行了模拟。CB1,PCB1 涉及中间支座截面的畸变屈曲,采用全梁建模,有限元模型如图 3-13(a)所示。CB2,PCB2 由于对称面在跨中正弯矩处,对称面处不存在截面的畸变情况,故采取对称建模,建模中为了模拟试验中梁端反力架在受荷情况下的上翘,采取一根弹性杆单元模拟反力架的受力变形,如图 3-13(b)所示。鉴于挠度、承载力等宏观变形值更能够反映构件的整体工作性能,并真实反映结构的受力情况,因此采用荷载、弯矩、挠度等参数进行比较,对比结果如图 3-14—3-17 所示。

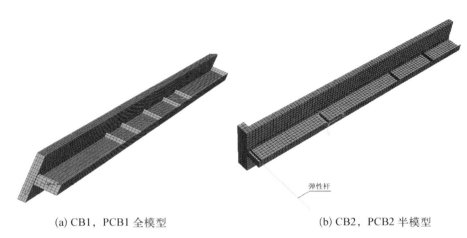

(a) CB1，PCB1 全模型　　　　　　　(b) CB2，PCB2 半模型

图 3‑13　ABAQUS 模型(CB1,CB2 不带预应力索,其余分别同 PCB1,PCB2)

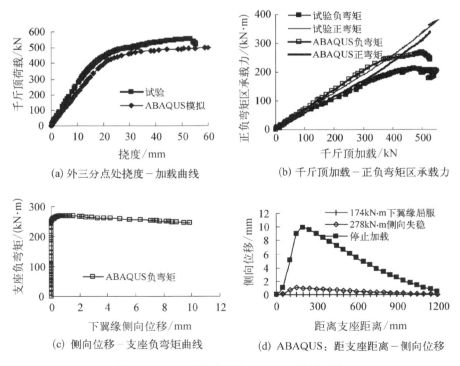

(a) 外三分点处挠度－加载曲线　　　　(b) 千斤顶加载－正负弯矩区承载力

(c) 侧向位移－支座负弯矩曲线　　　　(d) ABAQUS：距支座距离－侧向位移

图 3‑14　CB1 梁试验和 ABAQUS 模拟对比

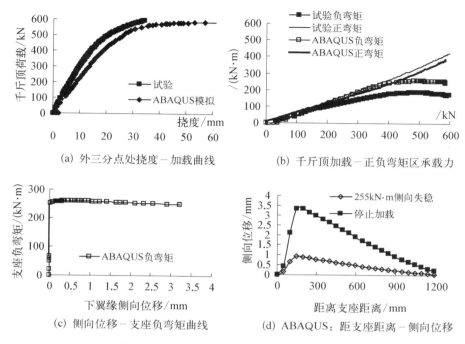

(a) 外三分点处挠度-加载曲线　　(b) 千斤顶加载-正负弯矩区承载力

(c) 侧向位移-支座负弯矩曲线　　(d) ABAQUS：距支座距离-侧向位移

图 3-15　PCB1 梁试验和 ABAQUS 模拟对比

图 3-14(a)和图 3-15(a)分别为外三分点挠度-加载曲线与试验曲线对比图,图 3-14(b)和图 3-15(b)分别为千斤顶加载-负(正)弯矩区弯矩曲线与试验曲线对比图。从图上可以看到,模拟过程与试验过程相同:随着负弯矩区混凝土的开裂、屈曲等因素的发生,导致负弯矩区截面刚度发生变化,连续梁上所受弯矩逐渐从负弯矩区向正弯矩区转移,直到最后正弯矩区混凝土压碎,整个千斤顶加载出现负的增量。相比较于与正弯矩区承载力变形性能的高度吻合,负弯矩区则稍微出现较大误差,这是因为组合梁受正弯矩作用时,混凝土受压,钢梁受拉,则对初始缺陷不敏感,模拟精度较高;然而对于支座区,承受负弯矩,其受力性质受稳定控制,残余应力和几何缺陷都对受力性质影响较大,而这些缺陷又很难在模拟中真实地施加上去。和试验相比,有限元在模拟负弯矩承

载力中发现比试验值偏大,这是因为试验现场发现试验梁初始翘曲显著,目测根本达不到规范对初始几何缺陷限制的要求。

图 3-14(c)和图 3-15(c)分别为 CB1 梁和 PCB1 梁距离中支座半个腹板高度位置下翼缘侧向位移-支座负弯矩曲线,综合 3.4.6 节判定准则,可以看到,当 CB1 达到 278 kN·m、PCB1 弯矩达到 255 kN·m 以后,侧向

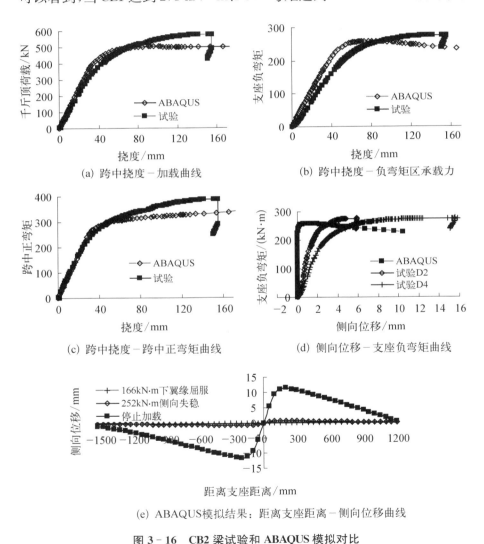

(a) 跨中挠度-加载曲线

(b) 跨中挠度-负弯矩区承载力

(c) 跨中挠度-跨中正弯矩曲线

(d) 侧向位移-支座负弯矩曲线

(e) ABAQUS模拟结果:距离支座距离-侧向位移曲线

图 3-16 CB2 梁试验和 ABAQUS 模拟对比

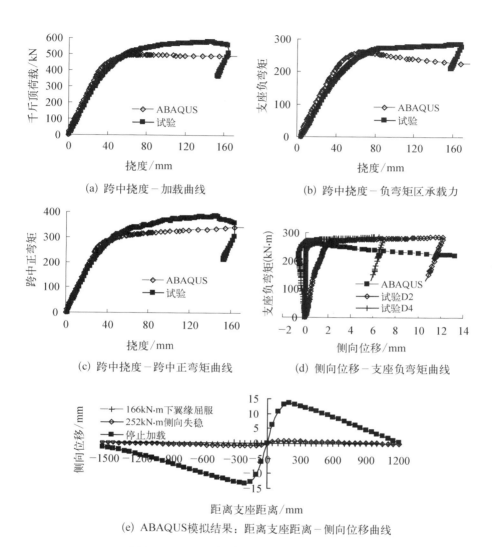

(a) 跨中挠度－加载曲线

(b) 跨中挠度－负弯矩区承载力

(c) 跨中挠度－跨中正弯矩曲线

(d) 侧向位移－支座负弯矩曲线

(e) ABAQUS模拟结果：距离支座距离－侧向位移曲线

图 3－17　PCB2 梁试验和 ABAQUS 模拟对比

位移迅速增大,表现为构件的整体失稳。图 3－14(d)和图 3－15(d)分别为 CB1 梁、PCB1 梁支座下翼缘一侧在不同荷载水平下的出平面位移,从图上可以看出,从支座支承肋至相邻肋之间,失稳为一个半波。

图 3－16(a),(b),(c)和图 3－17(a),(b),(c)分别为跨中挠度-千斤顶加载曲线对比,挠度-正弯矩对比曲线和跨中挠度-负弯矩对比曲线,

从图上可以看出,无论是弹性阶段还是结构进入屈服或者屈曲之后的非线性阶段,有限元都能比较准确地模拟出构件的变形和承载力。图 3-16 和图 3-17(d)分别为距离支座半个波长处下翼缘的侧向位移-支座负弯矩的变形曲线。梁整体失稳之前,侧向位移随着支座弯矩的增大而增大,基本呈线性发展且增量很小,当整个截面达到屈服之后,梁整体失稳之后,侧向位移开始急剧大幅增加。图 3-16(e)和图 3-17(e)所示梁支座下翼缘一侧在不同荷载水平下的出平面位移从图上可以看出,从支座肋至相邻肋之间,失稳为单个半波。

3.5.5 连续组合梁的进一步有限元分析

相比较于试验数值由于试件制作误差及加载装置、测量装置布置位置、方向、本身性能等因素干扰而比较离散,有限元模拟结果则不存在这些现实限制,更能发现构件的力学规律。以下根据有限元计算结果对连续组合梁的受力性能做进一步讨论。

1. CB1,PCB1

有限元分析所定义壳单元沿厚度方向积分点为 9 个,此 9 个积分点沿壳厚度方向排开,则第一积分点和第九积分点上的应力则分别代表了壳的两个表面上的应力,通过这两个积分点上应力的变化即可看出组成腹板和翼缘的受压板件局部失稳的时间点。

根据 3.5.3 节有限元计算结果,试件 CB1 腹板发生局部屈曲时,跨中支座弯矩为 254 kN·m,屈服时腹板上沿梁长方向正应力为 290 MPa,未达到材料屈服应力(372 MPa)。翼缘发生局部屈曲的跨中支座弯矩为 251 kN·m,此时达到屈服应力 396 MPa 并进入塑性平台,但未达到本构关系图 3-3(c)所定义的强化段,PCB1 类似。PCB1 腹板屈曲时,负弯矩为 259 kN·m,屈服时,腹板上沿梁长方向正应力为 211 MPa,未达到屈服应力 372 MPa。翼缘发生局部屈曲的跨中支座弯

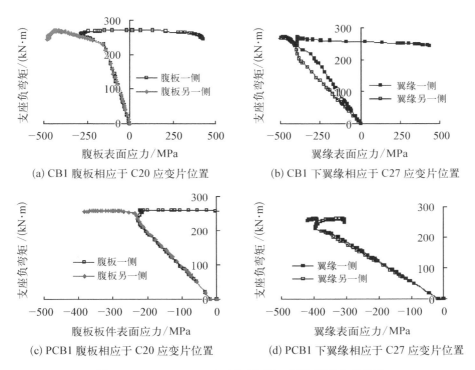

(a) CB1 腹板相应于 C20 应变片位置

(b) CB1 下翼缘相应于 C27 应变片位置

(c) PCB1 腹板相应于 C20 应变片位置

(d) PCB1 下翼缘相应于 C27 应变片位置

图 3 - 18　CB1、PCB1 负弯矩区弯矩-板件侧面应变关系

矩为 227 kN·m,此时达到屈服应力 395 MPa 并进入塑性平台,但未达到本构关系图 3 - 3(c)所定义的强化段。施加预应力的梁比未施加预应力梁的腹板更容易出现屈服。CB2、PCB2 的腹板屈曲分别出现在 258 kN·m 和 260 kN·m,此时,CB2 腹板应力达屈服而 PCB2 未达屈服,翼缘屈曲时,应力均达到屈服。

与简支组合梁承受负弯矩不同,承受正弯矩组合梁和连续组合梁最后的破坏状态呈脆性破坏,第 2 章的试验也证明,破坏时,承受压力的混凝土压碎,整根构件的承载能力急剧降低。在用有限元方法模拟组合梁的时候,尤其对于模拟承受正弯矩组合梁或连续组合梁时正确的判断加载结束点是保证最终变形状态与试验对比的关键。图 3 - 19(a)、(c)所示为正弯矩区弯矩与正弯矩区上层钢筋压应变的关系,从图上可以看出正弯矩区钢筋压应变在达到约 1 500 $\mu\varepsilon$ 以后由于正弯矩区出现全截面塑性,压应变迅速增加而承载力未见明显增加,实际试验中所测得此位置钢筋极限应变为 3 000～4 000 $\mu\varepsilon$ 之间,Hongnestad[109] 建议理论分析时,极限应变取 3 800 $\mu\varepsilon$,故在有限元模拟承受正弯矩组合梁或连续梁时建议受压区应变最大点钢筋应变可以采用 3 800 $\mu\varepsilon$ 作为终止加载的标准,此时可以认为组合梁正弯矩最大点混凝土压碎迸裂,承载能力急剧下降,整根构件出现脆性破坏。

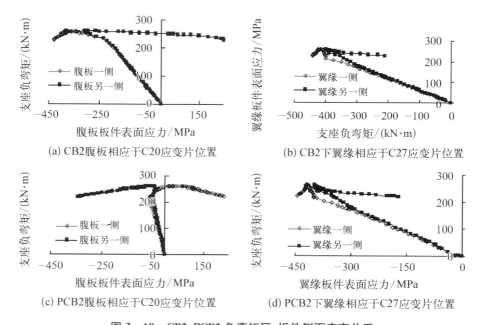

图 3-19 CB2、PCB2 负弯矩区-板件侧面应变关系

图 3-20(b)、(d) 分别为负弯矩区弯矩与钢筋拉应变的关系,从图上可以看出,施加预应力和未施加预应力相比,达到承载力之前的负弯矩区钢筋应变增长较为缓慢,但极限承载力并未有明显提高,达到极限荷载以后预应力梁由于失稳更加突出所以刚度下降更快。施加预应力在负弯矩区的有利作用主要在于极限承载能力之前,能延缓裂缝的开展,增大结构刚度,然在极限承载力之后对延性实为不利。

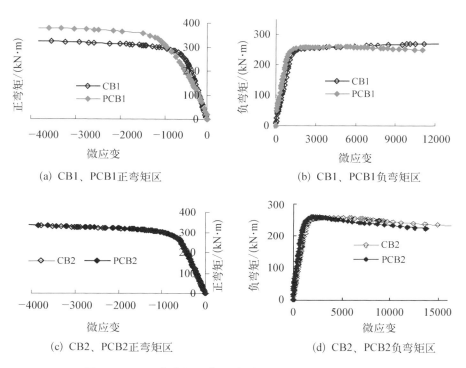

(a) CB1、PCB1正弯矩区　　　　(b) CB1、PCB1负弯矩区

(c) CB2、PCB2正弯矩区　　　　(d) CB2、PCB2负弯矩区

图 3-20　正、负弯矩区弯矩-相应位置上层钢筋应变关系

3.6　本 章 小 结

　　组合梁在负弯矩作用下由于混凝土的开裂、材料屈服和钢梁屈曲，表现出明显的非线性，大型通用有限元软件所提供的分析平台为有效分析组合梁提供了高效的方法。不同的有限元软件有不同的长处，综合运用不同有限元软件的长处，是提高结构分析效率的有效途径。大量的试验和对试验的模拟也可以看出，对承受负弯矩的简支组合梁或连续组合梁而言不考虑稳定的模拟方法不能有效模拟出较真实的力学性能，组合梁在负弯矩作用下的力学性能受稳定控制。目前公开文献中尚未见到

运用通用有限元软件做预应力钢-混凝土连续梁做非线性稳定模拟的报道。本文分别建立了 ANSYS 和 ABAQUS 的组合梁分析模型,分析表明所建立 ANSYS 模型在计算组合梁承受负弯矩作用下的承载力有很高的精确度;而所建立 ABAQUS 模型对正、负弯矩作用下的承载力和变形都有足够的精确度。通过对国内外和本课题组所作试验的对比模拟表明,计算精度能够满足进一步研究的精度要求。

在模拟组合梁或连续组合梁的时候,加载终了位置的判断可以取跨中上部钢筋压应变(约等于相同位置混凝土压应变)等于 3 800 $\mu\varepsilon$ 为承受正弯矩区混凝土压碎、崩裂,整根构件破坏的标志。

第 4 章

预应力组合梁整体失稳和极限承载能力

4.1 负弯矩作用下预应力组合梁
塑性抗弯承载力

当组合梁有可靠支撑或其他措施能满足构件承载力不受整体失稳控制时,截面达到全截面塑性,可以用简化塑性计算方法可计算截面塑性弯矩 M_p'。简化塑性算法计算抗弯强度是指在混凝土翼缘与钢梁为完全抗剪连接的基础上,假定在混凝土翼缘板的有效宽度内,混凝土受压部分达到极限压应力并忽略其处于受拉区部分之抗拉作用,钢材拉压区均达到屈服强度时的抗弯强度。由于负弯矩区体外预应力筋距离截面中和轴较近,预应力增量不显著,计算极限弯矩时可不计预应力增量的影响[56,58]。EC4[14]在用简化塑性算法计算组合梁塑性弯矩时,对于腹板属于第Ⅲ类组合梁采取忽略腹板中间部分贡献的方法考虑局部屈曲所带来的不利影响,如图 4-1(b)所示,规范[66] 5.4.6 条对受压构件也作出了相似的规定:H、工字形和箱形截面受压构件的腹板超出一定限值时,在计算构件的强度和稳定性时将腹板的截面仅考虑计算高度边缘范围内两侧宽度各为 $20t_w\sqrt{235/f_y}$ 的部分。与规范[66]中计算普通组

合梁的简化塑性计算公式形式类似,可用式(4-1)计算预应力组合梁的全截面塑性弯矩 M_p':

$$M_p' = M_s + A_{st}f_{st}(y_1 + y_4/2) + A_p\,\sigma_p(y_3 + y_4/2) \qquad (4-1)$$

式中,M_s 为钢梁绕自身中和轴塑性抗弯承载能力;y_4 为钢梁塑性中和轴和组合梁塑性中和轴之间的距离;A_{st} 为普通受拉钢筋面积;A_p 为体外预应力筋面积;f_{st} 为普通受拉钢筋强度设计值;σ_p 为体外预应力筋应力。当 A_p 为 0 时,则为普通组合梁。负弯矩塑性弯矩计算简图见图 4-1。

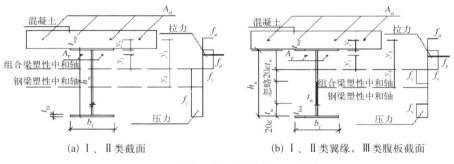

(a) Ⅰ、Ⅱ类截面   (b) Ⅰ、Ⅱ类翼缘,Ⅲ类腹板截面

图 4-1 负弯矩截面塑性弯矩计算简图

实际工程中,塑性中和轴一般位于钢梁腹板内,以上公式即为塑性中和轴位于腹板内的计算公式。当塑性中和轴位于上翼缘中或混凝土翼缘板中时,推导类似,不再赘述。

经与本文第2章试验对比表明,本公式可以用来计算不受整体失稳控制的组合梁。

4.2 负弯矩作用组合梁临界失稳因素分析

实际结构中,因为混凝土翼缘板的抗弯、抗扭刚度很大,同时,由于混凝土板通过连接件与工字钢梁上翼缘紧密地连成一体,组合梁正弯矩区不存在侧向失稳验算问题。但组合梁负弯矩区,钢梁下翼缘在承受较大的可变荷载及不利荷载时,呈受压状态而产生侧向失稳。与纯钢梁失稳不同的是:组合梁负弯矩下的屈曲为畸变失稳,不再符合截面的刚周边假定。评价组合梁侧扭失稳的方法主要有两类,一类基于能量法,一类基于弹性压杆模型方法。

4.2.1　基于能量法的负弯矩作用下翼缘侧向弯扭

组合梁失稳分析采用翼缘扭转约束的钢梁力学模型,分析组合梁的侧扭屈曲时,采用如下假定:

（1）材料力学性质各向同性,为完全弹性体;

（2）构件为等截面梁;

（3）构件的侧向弯曲变形是微小的;

（4）屈曲前平面内变形对侧向弯曲刚度的影响可不考虑;

（5）组合梁侧向弯曲时,工字钢翼缘形状保持不变;

（6）不考虑初始缺陷和残余应力;

（7）钢筋混凝土翼缘板刚度很大,钢梁上翼缘由于受到混凝土翼缘板的约束不能发生侧向变形和扭转变形,混凝土板对钢梁的侧扭约束为刚性约束;

（8）组合梁屈曲时混凝土板已大部分开裂,不计开裂混凝土的平面内抗弯作用。

采用上述假定,组合梁侧扭失稳模型如图 4-2 所示。

下翼缘发生侧向失稳时,翼缘和腹板中的应变能为:

$$U_f = \frac{1}{2}\int_0^l (EI_{fy}u_f''^2 + GJ_f\phi_f'^2)\mathrm{d}z \qquad (4-2a)$$

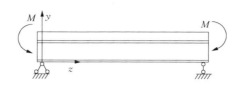

(a) 承受纯弯负弯矩

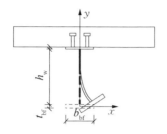

(b) 组合梁横截面

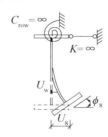

(c) 将混凝土板简化为弹性侧扭约束

图 4‑2　组合梁负弯矩区侧扭失稳计算模型

$$U_{\mathrm{w}} = \frac{1}{2} D_{\mathrm{w}} \int_0^l \int_0^{h_{\mathrm{w}}} \left\{ \left(\frac{\partial^2 u_{\mathrm{w}}}{\partial y^2} + \frac{\partial^2 u_{\mathrm{w}}}{\partial z^2} \right)^2 - \right.$$

$$\left. 2(1-\mu) \left[\frac{\partial^2 u_{\mathrm{w}}}{\partial y^2} \frac{\partial^2 u_{\mathrm{w}}}{\partial z^2} - \left(\frac{\partial^2 u_{\mathrm{w}}}{\partial y \partial z} \right)^2 \right] \right\} \mathrm{d}y\,\mathrm{d}z \quad (4-2\mathrm{b})$$

应力势能为：

$$V_{\mathrm{f}} = -\frac{1}{2} \int_0^l (P u_{\mathrm{f}}'^2 + P r_0^2 \phi_{\mathrm{f}}'^2)\,\mathrm{d}z \qquad (4-2\mathrm{c})$$

$$V_{\mathrm{w}} = -\frac{1}{2} t_{\mathrm{w}} \int_0^l \int_0^{h_{\mathrm{w}}} \sigma_z \left(\frac{\partial u_{\mathrm{w}}}{\partial z} \right)^2 \mathrm{d}y\,\mathrm{d}z \qquad (4-2\mathrm{d})$$

式中，$r_0 = \dfrac{I_{\mathrm{f}x} + I_{\mathrm{f}y}}{A_{\mathrm{f}}} = \dfrac{1}{12}(b_{\mathrm{f}}^2 + t_{\mathrm{f}}^2)$；$D_{\mathrm{w}}$ 是腹板的弯曲刚度；$I_{\mathrm{f}x}$，$I_{\mathrm{f}y}$，A_{f} 分别是受压下翼缘自身绕自身形心轴的惯性矩及自由扭转惯性矩，下翼缘面积；P 是下翼缘应力的合力。总势能为：

$$\Pi = U_{\mathrm{f}} + U_{\mathrm{w}} + V_{\mathrm{f}} + V_{\mathrm{w}} \qquad (4-3)$$

由于本节研究的是畸变屈曲,因此不能指望下翼缘对腹板提供约束,因此腹板就像一根固定于受拉上翼缘的一边自由板,腹板在受压下翼缘端的侧移和转角关系可以按照一端固定一端自由的悬臂柱在顶部作用水平力时的侧移和顶部转角的关系来描述,即:

$$u_{\text{w}} = \frac{2}{3} h_{\text{w}} \phi_B \tag{4-4a}$$

假设下翼缘上每一个点的位移为:

$$u_{\text{f}} = u_B \sin \frac{m\pi z}{L}, \tag{4-4b}$$

$$\phi_{\text{f}} = \frac{3u_B}{2h} \sin \frac{m\pi z}{L} \tag{4-4c}$$

腹板的位移假设为三次曲线的形式:

$$u_{\text{w}} = u_B (0.312\,5 + 1.125\bar{y} + 0.75\bar{y}^2 - 0.5\bar{y}^3) \sin \frac{m\pi z}{L} \tag{4-4d}$$

式中,$\bar{y} = \dfrac{y}{h_{\text{w}}}$。上式满足腹板和上下翼缘的位移和转角连续的条件。将式(4-4b)、式(4-4c)、式(4-4d)代入总势能表达式(4-3),令其对于 u_B 的一阶变分为零,得到临界应力的表达式如下:

$$\sigma_{\text{cr}} = \frac{\dfrac{m^2 \pi^2}{l^2} h_{\text{w}}^2 (EI_{fy} + 0.236 D_{\text{w}} h_{\text{w}}) + \dfrac{3D_{\text{w}} l^2}{m^2 \pi^2 h_{\text{w}}} + 1.5 D_{\text{w}} h_{\text{w}} + 2.25 GJ_{\text{f}}}{b_{\text{f}} t_{\text{f}} (h_{\text{w}}^2 + 2.25 r_0^2) + 0.148 h_{\text{w}}^3 t_{\text{w}}} \tag{4-5}$$

令 m 的前后项相等,得到:

$$m = \frac{l}{\pi h_{\text{w}}} \sqrt[4]{\frac{3}{\gamma + 0.236}} \approx \frac{l}{\pi h_{\text{w}}} \sqrt[4]{\frac{3}{\gamma}} \tag{4-6}$$

式中，$\gamma = \dfrac{EI_{fy}}{D_w h_w}$。

上述简化基于 γ 一般均大于 100。当 m 等于上式的取值时，得到：

$$\sigma_{cr} = \frac{D_w h_w [2\sqrt{3(\gamma + 0.236)} + 1.5] + 2.25GJ_f}{b_f t_f (h_w^2 + 2.25r_0^2) + 0.148h_w^3 t_w} \qquad (4-7a)$$

式(4-7a)与梁长无关，是式(4-5)的下限。但是，通过试算发现，畸变屈曲的波长经常超出实际钢梁的长度，这样一类，畸变屈曲的半波数经常是 1，在这种情况下用最小值经常过于安全，因此对于这种情况需要修正。修正后的公式[71]为：

$$\sigma_{cr} = \frac{D_w h_w \varphi_1 (2\sqrt{3\gamma} + 1.5) + 2.25GJ_f}{b_f t_f (h_w^2 + 2.25r_0^2) + 0.148h_w^3 t_w} \qquad (4-7b)$$

φ_1 推导如下：

$m=1$ 时：

$$\sigma_{cr} = \frac{\left[\dfrac{h_w^2}{l^2} \pi^2 EI_{fy} + \left(\dfrac{3l^2}{\pi^2 h_w^2} + 1.5 \right) D_w h_w \right] + 2.25GJ_f}{b_f t_f (h_w^2 + 2.25r_0^2) + 0.148h_w^3 t_w}$$

$$(4-8a)$$

$$\phi_1 = \frac{\left(\dfrac{h_w^2}{l^2} \pi^2 \gamma + \dfrac{3l^2}{\pi^2 h_w^2} + 1.5 \right) D_w h_w}{D_w h_w [2\sqrt{3(\gamma + 0.236)} + 1.5]} = \frac{\dfrac{h_w^2}{l^2} \pi^2 \gamma + \dfrac{3l^2}{\pi^2 h_w^2} + 1.5}{2\sqrt{3\gamma} + 1.5}$$

$$= \frac{\pi^2 h_w^2 \gamma}{2\sqrt{3\gamma} l^2} + \frac{3l^2}{\pi^2 h_w^2 2\sqrt{3\gamma}} + \frac{1.5}{2\sqrt{3\gamma}} \qquad (4-8b)$$

分析得知最后一项影响较小，所以偏安全地取：

$$\phi_1 = \frac{1}{2} \left[\left(\frac{l_{dis}}{l} \right)^2 + \left(\frac{l}{l_{dis}} \right)^2 \right] \quad \frac{l_{dis}}{l} \leqslant 1 \qquad (4-9a)$$

$$\phi_1 = 1.0 \qquad\qquad\qquad\qquad \frac{l_{dis}}{l} > 1 \qquad (4-9b)$$

式中，$l_{\text{dis}} = \pi h_{\text{w}} \sqrt[4]{\dfrac{\gamma}{3}} \approx 2.4 h_{\text{w}} \sqrt[4]{\gamma}$。

上述简单的推导采用了一些假设，其中最关键的是腹板和下翼缘之间位移协调，但存在式（4-4a）表示的关系。对于不同截面，童根树教授[71]的分析表明这个关系所带来的误差不超过 5%。

从上述推导可以看到，由于截面不再符合符拉索夫假定，腹板发生畸变，即使假定混凝土板对钢梁的扭转约束无穷大，所得结果也极其复杂。EC4[14]规范在计算侧扭畸变失稳过程中考虑了混凝土板对钢梁的扭转约束刚度，但采用了简化的方法，将腹板的侧向变形反映到等效扭转约束刚度中，然后用等效约束刚度代替原来受到的扭转约束，即：

$$\frac{1}{c} = \frac{1}{c_{\text{tor}}} + \frac{1}{c_{\text{w}}} \tag{4-10}$$

式中，$c_{\text{tor}} = \alpha \dfrac{E_c I_c}{a}$，反映混凝土板对钢梁的扭转约束；$c_{\text{w}} = \dfrac{1}{4} \dfrac{E}{1-\mu^2} \dfrac{t_{\text{w}}^3}{h_0}$，反映腹板对下翼缘的侧向变形约束。

则畸变失稳计算转化为截面满足符拉索夫假定的受扭转约束的受压构件绕定轴的弯扭屈曲问题，失稳变形只有一个自由度，使问题大大简化。通过变分原理，再引入不同荷载作用下的修正系数即可得出组合梁在负弯矩作用下弹性临界失稳承载力[14]：

$$M_{\text{cr}} = \frac{k_c C_4}{L} \sqrt{\left(GI_{\text{st}} + c \frac{L^2}{\pi^2}\right) EI_{\text{bf}}} \tag{4-11}$$

$$k_c = \frac{I_z/I_{sz}}{\dfrac{y_{\text{f}}^2 + i_{\text{p}}^2 + y_{\text{s}}^2}{eh} + \dfrac{y_{\text{f}} - y_j}{0.5 h_{\text{w}}}}$$

$$e = \frac{A I_{sz}}{A_s \ y_c (A - A_s)}$$

$$y_f = h_w \ I_{bf} / I_{sy}$$

$$y_j = y_s - \int_{As} \frac{y(y^2 + z^2)}{2 I_{sz}} \mathrm{d}A$$

式中，L 为组合梁跨度；C_4 为弯矩分布影响系数；k_c 为组合截面系数（考虑了负弯矩区纵向受拉钢筋）；E 为钢梁弹性模量；G 为钢梁的剪切模量；I_{st} 为钢梁截面的自由扭转常数；I_{bf} 为钢梁受压翼缘绕平行于腹板的轴的惯性矩；c 为弹簧转动刚度；I_z 为组合截面绕其重心轴的惯性矩；I_{sy} 为钢梁截面绕 y 轴的惯性矩；I_{sz} 为钢梁截面绕 z 轴的惯性矩；i_p 为对钢梁剪心的极回转半径，$i_p^2 = (I_{sy} + I_{sz})/A$；$y_c$ 为钢梁截面重心轴到纵向钢筋截面重心轴之间的距离；y 为钢梁截面形心到其剪心之间的距离；h_w 近似为钢梁上下翼缘中心线之间的距离。

4.2.2　弹性约束压杆模型计算负弯矩作用下组合梁侧向失稳

在连续组合梁的负弯矩区，其钢梁下翼缘受压，钢梁腹板对钢梁下翼缘具有侧向约束作用，因此，可将组合梁的侧向失稳等效为受压翼缘受到弹性约束的压杆模型，如图 4-3 所示。图(a)为下翼缘受侧向弹簧约束，两端承受轴向压力。图(b)表示钢梁横截面，顶部受到刚度为 C_{tor} 的弹簧约束，当下翼缘受到作用于单位横向荷载时，下翼缘的侧向位移为 δ。

单位荷载作用在下翼缘中面，腹板看作是悬臂的板，则单位长度腹板弯曲产生的位移为：

$$\delta_1 = \frac{(1 - \mu^2) h_w^3}{3 E I_w} \tag{4-12a}$$

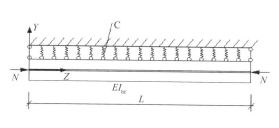
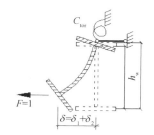

(a) 弹性地基压杆模型　　　　　　(b) 混凝土板转化为钢梁支承条件

图 4-3　弹性约束压杆模型

式中，E 为钢梁的弹性模量；μ 为泊松比；$I_{\mathrm{w}} = \dfrac{t_{\mathrm{w}}^3}{12}$，$t_{\mathrm{w}}$ 为腹板厚。

$I_{\mathrm{w}} = \dfrac{t_{\mathrm{w}}^3}{12}$。

当下翼缘作用有单位荷载时，则在上翼缘中面产生的弯矩为 $1 \times h_{\mathrm{w}}$，假设钢梁单位长度受到的扭转约束为 c_{tor}，则钢梁在单位长度内产生 $1 \times h/c_{\mathrm{tor}}$ 的转动，所以腹板由于钢梁转动产生的位移为：

$$\delta_2 = \frac{h_{\mathrm{w}}^2}{c_{\mathrm{tor}}} \tag{4-12b}$$

因此，总位移 $\delta = \delta_1 + \delta_2$，则压杆受到的侧向刚度 $c = \dfrac{1}{\delta} = \dfrac{1}{\delta_1 + \delta_2}$。设压杆的失稳变形曲线为：

$$y = a_n \sin \frac{n\pi z}{L} \tag{4-13}$$

式中，L 为压杆长度；n 为在杆长 L 范围内的正弦半波数。

则杆件弯曲的变形能为：

$$\Delta V_1 = \frac{EI_{\mathrm{bf}}}{2} \int_0^L \left(\frac{\mathrm{d}^2 y}{\mathrm{d} z^2}\right)^2 \mathrm{d} z = \frac{\pi^4 EI_{\mathrm{bf}}}{4L^3} n^4 a_n^2 \qquad (4-14)$$

弹性地基变形能为:

$$\Delta V_2 = \int_0^L \frac{1}{2} c y^2 \mathrm{d} x = \frac{c}{2} \int_0^L y^2 \mathrm{d} x = \frac{cL}{4} a_n^2 \qquad (4-15)$$

杆端轴向力由于杆端位移所作的功为:

$$\Delta T = \frac{N}{2} \int_0^L \left(\frac{\mathrm{d} y}{\mathrm{d} z}\right)^2 \mathrm{d} z = \frac{N \pi^2}{4L} n^2 a_n^2$$

由 $\Delta T = \Delta V_1 + \Delta V_2$,可得:

$$N = \frac{\pi^2 EI_{\mathrm{bf}}}{L^2} \left(n^2 + \frac{cL^4}{n^2 \pi^4 EI_{\mathrm{bf}}}\right) \qquad (4-16)$$

上式说明了构件的屈曲荷载与支承的弹簧常数和屈曲时的半波数有关,而 n 应是使 N_{cr} 达到最小值的整数。为了得到 n,可先将上式看作是 n 的连续函数,由极值条件:

$$\frac{\mathrm{d} N}{\mathrm{d} n} = 0$$

可得: $n = \dfrac{L}{\pi} (c/EI_{\mathrm{bf}})^{0.25}$,

半波长度: $L_{\mathrm{w}} = \pi (EI_{\mathrm{bf}}/c)^{0.25}$。

可以看出,若要取得屈曲值的最小值,可以看出 n 并非一定为 1,半波长度也并非是杆件的总长,而是和腹板对翼缘的支承刚度,翼缘自身的侧向刚度比有关。可取与此 n 相邻的两个整数,将他们分别代入式(4-16)后,经比较即可得屈曲荷载的最小值。

如果以 $n = \dfrac{L}{\pi} (c/EI_{\mathrm{bf}})^{0.25}$ 代入式(4-16),可以得到屈曲荷载的

值为：

$$N_{cr} = 2\sqrt{c \cdot EI_{bf}} \qquad (4-17)$$

将式(4-17)所得临界荷载与下翼缘面积相除即可得组合梁在负弯矩作用下下翼缘的临界应力：

$$\sigma_{cr} = \frac{N_{cr}}{A_f} \qquad (4-18)$$

将式(4-18)中的临界应力与截面模量相乘即可得组合梁在负弯矩作用下得临界弯矩：

$$M_{cr} = W\sigma_{cr} \qquad (4-19)$$

式中，W 为组合梁绕相应轴的截面模量。

4.3　弹塑性失稳时影响稳定系数的参数分析

由于构件初始缺陷和材料非线性因素影响，组合梁失稳承载力会低于弹性临界弯矩。工程实践中，采用稳定系数来表征组合梁抗失稳承载力，稳定系数与构件长细比参数又被表达为类似 Perry-Robson 稳定设计曲线(公式)。EC4[14]中，组合梁的长细比为 $\lambda_{LT} = (M_p/M_{cr})^{0.5}$，其中 M_p 为其负弯矩截面塑性弯矩，M_{cr} 为弹性侧扭临界弯矩。英国桥梁规范 BS5400：Part 3[7]采用的长细比为压杆计算长度与翼缘侧向惯性半径之比，根据失稳设计曲线，计算组合梁受压翼缘失稳允许应力。

Weston[117]在有限元分析基础上，对 BS5400：Part 3[7]中的长细比进行了修正，提高了计算精度。Bradford[26]采用修正长细比系数为：

$$\lambda_L = \sqrt{\frac{M_p}{M_{cr}}} = 0.02 \left(\frac{L}{r_y}\right)^{\frac{1}{2}} \left(\frac{h_w}{t_w}\right)^{\frac{1}{3}} (a_m)^{-\frac{1}{2}} \quad (4-20)$$

配合上述长细比系数,澳大利亚规范中约束钢梁侧扭失稳曲线,

$$M_b = 0.6 \left\{ \sqrt{\left[\frac{M_p}{M_{cr}}\right]^2 + 3} - \left[\frac{M_p}{M_{cr}}\right] \right\} M_p \leqslant M_p \quad (4-21)$$

式中,h_w,t_w 为钢梁腹板的高度与厚度;r_y 为下翼缘绕 y 轴的有效半径;a_m 为弯矩分布修正系数,纯弯时取 1;M_b 为失稳弯矩设计值。

上述方法都是针对无预应力的普通组合梁,其中 M_{cr} 计算式相对复杂,而用组合梁截面及跨度参数表达的长细比则比较简洁。对于预应力组合梁,预应力一方面可提高截面的塑性极限弯矩,但另一方面,增大了腹板的受压区域,使截面失稳承载能力降低。如何考虑预应力组合梁中各参数对极限承载力的影响,用简洁的方法和公式求得实用的极限承载力是进一步研究所要关注的重点。

为研究体外预应力组合梁屈曲失稳承载力各影响因素,定义稳定系数为:

$$\phi = \frac{M_{max}}{M_p} \quad (4-22)$$

式中,M_{max} 为组合梁失稳极限弯矩;M_p 为用简化塑性算法计算得的负弯矩截面塑性弯矩,按式(4-1)计算。

运用 ANSYS 软件、第 3 章有限元技术,采用承受均匀分布负弯矩的简支梁模型,对影响组合梁稳定系数的参数进行了计算分析。除特殊说明外,均取以下基准参数:梁长取 12 m,钢材钢筋屈服强度 345 MPa,预应力钢绞线屈服强度 1 680 MPa,弹性模量 1.92×10^5 MPa;混凝土板厚 130 mm,宽 1 000 mm,混凝土单轴抗压强度 σ_0 为 31 MPa,单轴抗拉强度取 2.73 MPa。钢梁上下翼缘宽 250 mm,上翼缘厚 8 mm,下翼缘厚

25 mm；腹板高 600 mm，厚 16 mm。钢梁两端简支。

钢梁初始几何缺陷按《钢结构工程施工质量验收规范》（GB 50205—2001）选取，对 12 m 的梁跨，允许矢高值为 5 mm。体外预应力筋直线布置。

4.3.1　力比影响

为了研究负弯矩钢筋及预应力对极限承载力的影响，采用力比定义为：

普通力比：
$$R_0 = \frac{A_r f_r}{A_s f_y} \tag{4-23a}$$

综合力比：
$$R_p = \frac{A_r f_r + A_p \sigma_p}{A_s f_y} \tag{4-23b}$$

式中，R_0 代表普通组合梁中配筋含量的普通力比；A_r 表示普通钢筋的配筋面积；f_r 表示钢筋强度；A_s 为钢梁截面面积；R_p 为反映预应力组合梁普通钢筋和预应力筋多少的综合力比；A_p 为预应力钢筋的面积；σ_p 为预应力钢筋锁定应力。

预应力施加可使组合梁力比增大，腹板受压区高度增加。对普通组合梁（$R_p = 0.3$）以及 R_p 分别 0.4、0.6 及 0.8 的预应力组合梁等四种情况进行了分析。分析结果如图 4-4 所示。图 4-4(a)、(b) 分别为综合力比为 0.3 和 0.6 时，组合梁跨中挠度和受压翼缘上轴线两侧的轴向应力变化曲线。$R_p = 0.3$（普通组合梁），钢梁下翼缘屈服时梁的挠度为 54 mm，对应截面屈服弯矩为 1 114 kN·m，随着荷载增大，当挠度达到 95 mm 时，受压翼缘一侧的轴向应力发生转折变化，组合梁出现整体失稳。$R_p = 0.6$（预应力组合梁），钢梁下翼缘屈服时梁的跨中挠度为 33 mm，截面屈服弯矩为 1 403 kN·m，挠度达到 67 mm 时，组合梁发生整体失稳。

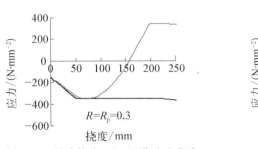

(a) R_p=0.6 跨中挠度-受压翼缘应力曲线

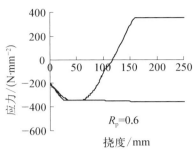

(b) R_p=0.3 跨中挠度-受压翼缘应力曲线

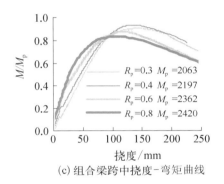

(c) 组合梁跨中挠度-弯矩曲线

图 4-4 不同综合力比参数分析曲线

图 4-4(c)为具有不同力比的组合梁的跨中弯矩-挠度曲线,该图显示:随着力比增大,混凝土的开裂弯矩逐步增大,稳定系数则随综合力比的增大而减小。力比从普通组合梁的 0.3 增大到预应力组合梁的 0.8,稳定系数从 0.939 降到 0.845,降幅约 10%。力比的增大可以延缓混凝土在使用荷载下的开裂而增加刚度和强度,扩大弹性范围,提高屈服荷载,但随着力比的增加,稳定系数会有所减小。

4.3.2 残余应力和初始几何缺陷影响

截面残余应力会使截面较早屈服,并影响组合梁极限屈曲承载力。图 4-5 为褪火、轧制及焊接截面残余应力分布下的组合梁跨中挠度-弯矩计算曲线,图中横坐标为跨中挠度,纵坐标为稳定系数。图 4-5 显

示：在混凝土开裂和钢梁下翼缘屈服前，各组合梁荷载-变形曲线无显
著差异。组合梁的屈曲承载力比较：焊接与无残余应力截面的组合梁
相近，略高于轧制梁。

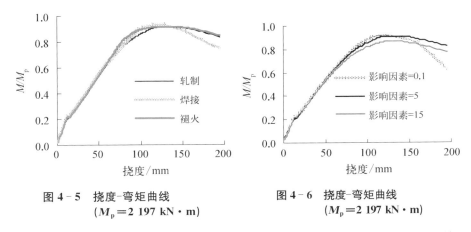

图4-5　挠度-弯矩曲线　　　　　图4-6　挠度-弯矩曲线
　　　　($M_p = 2\,197\text{ kN} \cdot \text{m}$)　　　　　　　($M_p = 2\,197\text{ kN} \cdot \text{m}$)

取初始缺陷系数为 0.1、5、15 三种情况对预应力组合梁进行了计算，
计算结果见图 4-6。图 4-6 显示：初始缺陷从 0.1 增大至 5，稳定系数从
0.949 下降到 0.944。初始缺陷从 5 增大到 15 时，稳定系数下降至 90%。

4.3.3　腹板、受压翼缘宽厚比及跨度的影响

试验发现[18]，当采用宽厚比较大的腹板时，组合梁的极限承载能力
同时受局部失稳和侧向失稳的影响，局部失稳的发生会降低整体稳定的
稳定系数。组合梁的混凝土板通过钢梁腹板对钢梁受压翼缘进行侧向
约束，腹板的高厚比增大则意味着腹板对下翼缘约束减弱以及腹板局部
屈曲会加速组合梁的整体失稳，导致组合梁承载能力降低。计算中采用
腹板高厚比值分别为 600/16，800/16，1 000/16 三种情况进行分析。分
析结果如图 4-7 所示。

图 4-7 显示：高厚比为 600/16 时，组合梁侧向失稳在钢梁受压翼
缘屈服后出现，截面弯矩达到 1 758 kN · m，稳定系数为 0.945。高厚比

增大至 1 000/16 时,侧向失稳在钢梁受压翼缘屈服前出现,稳定系数锐减至 0.599。

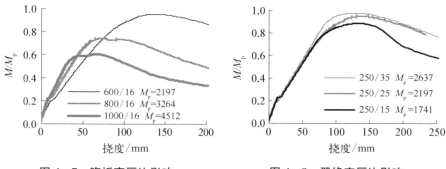

图 4-7   腹板高厚比影响: 图 4-8   翼缘宽厚比影响:
              挠度-承载力曲线   挠度-承载力曲线

受压翼缘宽厚比是影响组合梁局部屈曲的重要因素。局部屈曲又可能进一步影响组合梁的极限失稳承载力。图 4-8 为组合梁钢梁受压翼缘宽厚比为:250/35,250/25 和 250/15 情况下的弯矩-挠度曲线。图 4-8 显示:随着钢梁受压翼缘宽厚比增大,组合梁的极限承载能力降低。

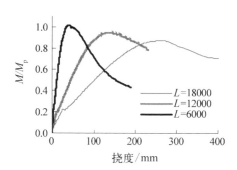

图 4-9   跨度影响:挠度-承载力
              曲线($M_p = 2\ 197$)

弹性地基压杆理论认为受压翼缘方向的屈曲波长与受压翼缘侧向回转半径之比是影响组合梁在负弯矩作用下的失稳极限承载力的重要参数。图 4-9 为采用不同跨长与受压翼缘宽度比时组合梁在负弯矩下的有限元计算曲线,图中横坐标代表跨中挠度,纵坐标表示稳定系数。跨长与受压翼缘宽度比分别为 6 000/250,12 000/250,18 000/250 三种情况。当梁跨为 6 000 mm 时,稳定系数为 1.01;当梁跨为 18 000 mm 时稳定系数下降至 0.87。

4.4　拟合曲线及讨论

4.4.1　拟合曲线

综上分析,影响预应力组合梁稳定系数的主要因素为腹板高厚比、跨度与钢梁受压翼缘尺寸以及力比。结合前面有限元计算,选择了 25 组组合梁进行有限元参数分析,每组分别选取力比 $R_p = 0.3$(普通组合梁),0.4,0.6,0.8 四种情况,分轧制和焊接两种残余应力分布。共进行 200 根受负弯矩作用的组合梁非线性失稳分析。其中:组合梁跨高比为 12~27,力比为 0.3~0.8,基本涵盖实际工程各种预应力组合梁参数变化情况。表 4 - 1 为计算分析中组合梁截面尺寸参数以及稳定系数 ϕ 的计算结果。

考虑预应力对力比的贡献以及力比对稳定系数的影响,作者在公式 (4-20) 中引入力比系数,并将腹板高厚比和跨度侧向回转半径比之指数做了改进,将长细比表述为:

$$\lambda_n = 0.02 \left(\eta + R_p\right)^{\frac{1}{2}} \left(\frac{h_w}{t_w}\right)^{\frac{1}{2}} \left(\frac{L}{r_y}\right)^{\frac{1}{3}} \qquad (4-24)$$

式中,λ_n 为反映组合梁稳定系数的长细比;L 为受压翼缘侧向约束支承间的距离;r_y 为受压翼缘侧向惯性半径;η 为残余应力修正系数:当轧制梁时取 1.1,其他情况取 1。采用长细比参数 λ_n,将计算结果以 λ_L-ϕ 形式表述,见图 4 - 10(a)(轧制钢梁)和图 4 - 10(b)(焊接钢板梁)。图 4 - 10 还给出了用 λ_n 表达的钢结构规范(GB 50017—2003)柱子设计曲线 a、曲线 b 和 Bradford 曲线[26],作为比较,还绘制了 EC4 的侧扭失稳设计曲线。图 4 - 10 显示:EC4 的 Welded section 曲线与 b 类曲线,

表 4-1 组合梁截面及计算结果表

mm, kN·m

序号	$b_{bf}/t_{bf}/h_w/t_w$	R = Rp = 0.3			Rp = 0.4			Rp = 0.6			Rp = 0.8		
		M_p	φ 轧制	φ 焊接	M_p	φ 轧制	φ 焊接	M_p	φ 轧制	φ 焊接	M_p	φ 轧制	φ 焊接
1	150/10/300/8	307	0.88	0.91	314	0.84	0.87	313	0.78	0.80	305	0.73	0.82
2	150/15/300/8	378	0.88	0.92	391	0.84	0.88	400	0.78	0.87	391	0.74	0.91
3	150/15/300/12	434	0.99	1	451	0.94	0.95	464	0.86	0.86	460	0.80	0.80
4	150/15/600/12	1 115	0.68	0.72	1 177	0.65	0.68	1 252	0.61	0.65	1 272	0.61	0.64
5	200/15/600/12	1 281	0.75	0.78	1 349	0.72	0.78	1 424	0.68	0.72	1 434	0.68	0.71
6	200/20/600/12	1 447	0.78	0.83	1 533	0.75	0.82	1 633	0.70	0.74	1 658	0.69	0.73
7	200/20/600/16	1 654	0.87	0.90	1 753	0.85	0.88	1 876	0.80	0.83	1 921	0.77	0.81
8	200/25/600/16	1 818	0.86	0.90	1 934	0.85	0.88	2 083	0.79	0.83	2 119	0.78	0.81
9	250/15/600/12	1 447	0.83	0.89	1 521	0.81	0.87	1 595	0.76	0.82	1 596	0.75	0.87
10	250/20/600/12	1 654	0.83	0.89	1 751	0.80	0.87	1 858	0.75	0.84	1 874	0.76	0.81
11	250/20/600/16	1 861	0.90	0.96	1 971	0.92	0.96	2 102	0.84	0.87	2 138	0.81	0.86
12	250/25/600/16	2 063	0.94	0.96	2 197	0.95	0.96	2 362	0.89	0.90	2 420	0.85	0.87
13	250/25/900/16	3 619	0.69	0.74	3 866	0.65	0.71	4 192	0.62	0.66	4 297	0.76	0.77
14	250/30/600/16	2 259	0.95	0.95	2 419	0.95	0.98	2 621	0.77	0.91	2 704	0.83	0.90

续　表

序号	$b_{bf}/t_{bf}/h_w/t_w$	$R = R_p = 0.3$			$R_p = 0.4$			$R_p = 0.6$			$R_p = 0.8$		
		M_p	ϕ 轧制	ϕ 焊接	M_p	ϕ 轧制	ϕ 焊接	M_p	ϕ 轧制	ϕ 焊接	M_p	ϕ 轧制	ϕ 焊接
15	250/30/900/16	3 913	0.69	0.76	4 194	0.66	0.70	4 570	0.62	0.67	4 701	0.63	0.63
16	300/20/600/12	1 860	0.87	0.92	1 969	0.83	0.91	2 082	0.78	0.88	2 091	0.77	0.86
17	300/20/600/16	2 068	0.97	0.97	2 189	0.97	0.97	2 327	0.88	0.94	2 355	0.89	0.91
18	300/25/600/16	2 307	0.94	0.97	2 459	0.94	1.00	2 640	0.80	0.80	2 691	0.88	0.92
19	300/25/900/16	3 980	0.74	0.82	4 251	0.71	0.78	4 603	0.67	0.73	4 700	0.78	0.78
20	300/30/600/16	2 537	0.96	0.96	2 723	0.94	1.00	2 952	0.76	0.76	3 031	0.89	0.92
21	300/30/900/16	4 327	0.77	0.81	4 642	0.69	0.77	5 057	0.68	0.73	5 185	0.80	0.81
22	350/25/900/16	4 339	0.88	0.97	4 636	0.87	0.97	5 013	0.81	0.82	5 145	0.75	0.87
23	350/30/900/16	4 738	0.90	0.91	5 090	0.90	0.97	5 544	0.79	0.92	5 724	0.83	0.84
24	400/25/900/16	4 697	0.92	0.96	5 021	0.92	0.98	5 423	0.80	0.94	5 546	0.87	0.89
25	400/30/900/16	5 146	0.91	0.97	5 536	0.91	0.97	6 031	0.87	0.92	6 206	0.85	0.85

Bradford 中的曲线基本重合,而采用参数 λ_n,无论是轧制钢梁,还是焊接钢板梁,预应力组合梁稳定系数计算结果与(GB 50017—2003)柱子设计曲线 a 具有较好的吻合性。

轧制钢梁稳定系数总体低于焊接钢板梁稳定系数 $1\%\sim17\%$。图 4-10 显示:在长细比参数中引进残余应力分布参数 η 能较好反映残余应力对构件稳定系数影响。

图 4-10 中柱子设计曲线 a 和 b 的表达式为:

$$\phi = \frac{1}{2\lambda_n^2}\left[(\alpha_2 + \alpha_3\lambda_n + \lambda_n^2) - \sqrt{(\alpha_2 + \alpha_3\lambda_n + \lambda_n^2)^2 - 4\lambda_n^2}\right]$$

$$(4-25)$$

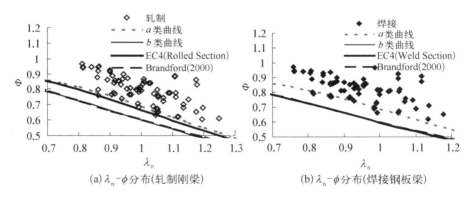

(a) λ_n-ϕ分布(轧制刚梁)　　　(b) λ_n-ϕ分布(焊接钢板梁)

图 4-10　预应力组合梁长细比-稳定系数分布

其中曲线 a,b 中对应的 α_2、α_3 分别为 0.986、0.152 和 0.965、0.3。

由于 Brandford 公式(4-20)(4-21)适用于普通组合梁,为对比公式(4-24)在适用于普通组合梁时与 Brandford 公式结果比较,取表 4-1 中普通组合梁计算结果($R_p = 0.3$),将 Bradford 计算方法[26]中长细比计算公式(4-20)、弯矩计算公式(4-21)与本章建议的修正长细比公式(4-24)与稳定系数表达的设计曲线进行比较,见图 4-11。与

Bradford[26] 建议的方法相比,本章
所提用 λ_L 表示的稳定系数有限元计
算公式(4 - 24)结果点分布带宽更
窄,说明所提出之计算参数与稳定系
数相关度更高。图 4 - 11 也显示相
比于式(4 - 21)曲线,与 GB 50017—
2003 的柱子稳定系数曲线 a 也更
为吻合。

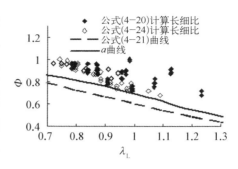

图 4 - 11　长细比-稳定系数分布

4.4.2　对第 2 章试验梁的整体稳定的讨论

　　试验中由于梁截面相比较于实际工程中梁截面较小,设计中为便于
加工,肋宽取与下翼缘宽度同。此时若假定肋对组合梁下翼缘提供完全
侧向约束,则可用本节理论讨论组合梁的整体稳定对极限承载力的
影响。

　　运用长细比公式(4 - 24),可求得 CB1、PCB1、CB2、PCB2 长细比 λ_n
分别为 0.24、0.28、0.22、0.26。将此长细比代入公式(4 - 25)中的失稳
系数均基本接近 1,此结果表明,整体失稳不对此两组梁其控制作用。
综合第 2 章测量和第 3 章限元模拟也发现,此两组组合梁负弯矩区整体
失稳时皆发生在梁全部达到全截面塑性和局部屈曲发生之后,和计算所
得结论相同。

4.5　组合梁侧向失稳预防

4.5.1　支承

　　连续组合梁负弯矩区的侧向失稳是影响其承载能力的重要因素。

通常在不减小梁跨高比的前提下，在钢梁受压下翼缘沿梁长设置横向加劲肋或横向支承来控制和减小钢梁下翼缘的侧向变形，提高组合梁的抗侧向失稳强度[124-125]。水平支承相当于一个弹性约束，当支承刚度足够而杆件屈曲时，杆轴线势必在支承处位移为 0 而改变原有波形，这相当于通过改变杆的计算长度而改变杆的临界承载能力。

由弹性压杆地基模型所得组合梁下翼缘弹性临界失稳承载力公式：

$$N_{cr} = \frac{\pi^2 EI_{bf}}{L^2}\Big(n^2 + \frac{cL^4}{n^2\pi^4 EI_{bf}}\Big) \qquad (4-26)$$

综合 4.1.2 节可求得半波长度：$L_w = \pi(EI_{bf}/c)^{0.25}$。

当实际侧向支承间距小于临界半波长度 L_w，即实际的半波数大于 $n = \frac{L}{\pi}(c/EI_{bf})^{0.25}$ 时，弹性临界承载力将随半波长度的减小而增大。

令 $$\sigma_{cr} = \frac{N_{cr}}{A_f} = \frac{\pi^2 Er_y^2}{L^2}\Big(n^2 + \frac{cL^4}{n^2\pi^4 EI_{bf}}\Big) \qquad (4-27)$$

当 $\sigma_{cr} \geqslant \sigma_p$ 时，由 SHANLEY 柱子理论和截面中实际存在的残余应力，实际的临界应力已经低于 σ_{cr}，此处为求得支承之间的距离，可以偏保守的以上述公式替代实际的临界应力。

支承若要满足 $\sigma_{cr} \geqslant f_y$，即弹性支承地基梁达到塑性：

$$\frac{\pi^2 Er_y^2}{L^2}\Big(n^2 + \frac{cL^4}{n^2\pi^4 EI_{bf}}\Big) \geqslant f_y \qquad (4-28)$$

变为方程 $$n^4 - f_y\frac{L^2}{\pi^2 Er_y^2}n^2 + \frac{cL^4}{\pi^4 EI_{bf}} \geqslant 0$$

解之得：

$$n^2 \leqslant \frac{f_y A_f \dfrac{L^2}{\pi^2 EI_{bf}} - \sqrt{\Big(f_y A_f \dfrac{L^2}{\pi^2 EI_{bf}}\Big)^2 - 4\dfrac{cL^4}{\pi^4 EI_{bf}}}}{2}$$

$$(4-29a)$$

或　　$$n^2 \geqslant \dfrac{f_{\mathrm{y}} A_{\mathrm{f}} \dfrac{L^2}{\pi^2 EI_{\mathrm{bf}}} + \sqrt{\left(f_{\mathrm{y}} A_{\mathrm{f}} \dfrac{L^2}{\pi^2 EI_{\mathrm{bf}}}\right)^2 - 4\dfrac{cL^4}{\pi^4 EI_{\mathrm{bf}}}}}{2}$$

$$(4-29\mathrm{b})$$

因为 n 不可能为负值，且实事上诱发构件失稳时出现很长的波长或说出现很少的半波数是不可能的。则舍弃 n 的负值解，舍弃式(4-29b)。整理可得满足下翼缘达到塑性时的半波数限制条件：

$$n \geqslant \sqrt{\dfrac{f_{\mathrm{y}} A_{\mathrm{f}} \dfrac{L^2}{\pi^2 EI_{\mathrm{bf}}} + \sqrt{\left(f_{\mathrm{y}} A_{\mathrm{f}} \dfrac{L^2}{\pi^2 EI_{\mathrm{bf}}}\right)^2 - 4\dfrac{cL^4}{\pi^4 EI_{\mathrm{bf}}}}}{2}}$$

$$(4-30)$$

一个半波长的长度 $L_{\mathrm{w}} = \dfrac{L}{n}$，则支承长度必须满足：

$$L_{\mathrm{w}} \leqslant \sqrt{2}\,\pi r_{\mathrm{y}} \sqrt{\dfrac{E}{f_{\mathrm{y}} + \sqrt{f_{\mathrm{y}}^2 - 4cEr_{\mathrm{y}}^2/A_{\mathrm{f}}}}} \qquad (4-31)$$

即避免失稳发生必须保证波长不致太大而超出式(4-31)的限制。分析式(4-31)可以发现：

$$0 \leqslant \sqrt{f_{\mathrm{y}}^2 - 4cEr_{\mathrm{y}}^2/A_{\mathrm{f}}} \leqslant f_{\mathrm{y}}$$

则(4-31b)必满足：

$$L_{\mathrm{w}} \leqslant \sqrt{2}\,\pi r_{\mathrm{y}} \sqrt{\dfrac{E}{f_{\mathrm{y}}}} \quad 当 \ \sqrt{f_{\mathrm{y}}^2 - 4cEr_{\mathrm{y}}^2/A_{\mathrm{f}}} = 0 \qquad (4-32\mathrm{a})$$

$$L_{\mathrm{w}} \leqslant \pi r_{\mathrm{y}} \sqrt{\dfrac{E}{f_{\mathrm{y}}}} \quad 当 \ \sqrt{f_{\mathrm{y}}^2 - 4cEr_{\mathrm{y}}^2/A_{\mathrm{f}}} = f_{\mathrm{y}} \qquad (4-32\mathrm{b})$$

式(4-32b)中的条件为 $c = 0$，即腹板对其提供的侧向约束为 0。

此时也正为两端简支轴心受压杆件避免失稳的临界长度表达式,公式与教科书解相同。

实际的钢材屈曲后强化段的弹性模量为变量,随着应变的增加,钢材弹性模量逐渐降低,变化范围为初始弹性模量的 $1/10 \sim 1/100$。对纯钢梁而言,由于梁高度的增大对整体稳定特别不利,对高度与宽度之比限制较严,对于此种截面高度不太大的构件而言,其达到全截面塑性时截面材料一般进入强化段很短,可以认为强化段弹性模量为初始弹性模量的 $1/10$,且腹板对下翼缘约束很小,此类构件可以认为符合式(4-32b)。理论上,当钢材进入强化段以后,其强度会随应变增大而有所上升,当失稳发生时的应力高于屈服应力,然而由于强化段弹性模量远远低于初始弹性模量,此时钢材应力的上升近似忽略。则将式(4-32b)方程中的钢材强度仍可用屈服强度代表,将弹性模量替换为 $0.1E$ 即可求得钢梁截面达到全截面塑性而避免整体失稳时支承间距公式(4-33)。

$$L_{\mathrm{w}} \leqslant \pi r_{\mathrm{y}} \sqrt{\frac{0.1E}{f_{\mathrm{y}}}} = 0.99 r_{\mathrm{y}} \sqrt{\frac{E}{f_{\mathrm{y}}}} \approx r_{\mathrm{y}} \sqrt{\frac{E}{f_{\mathrm{y}}}} \qquad (4-33)$$

将弹性模量 $E = 206\,000$ 代入(4-33)即可得 $\dfrac{L_{\mathrm{w}}}{r_{\mathrm{y}}} \leqslant 29.6 \sqrt{\dfrac{235}{f_{\mathrm{y}}}}$。钢结构规范[66]9.3.2 款对纯钢构件塑性设计时侧向支承的设置给出了相关规定。根据该规定,当截面承受纯弯荷载时,两相邻支承点间构件长细比必须满足 $\lambda_{\mathrm{y}} \leqslant 35 \sqrt{\dfrac{235}{f_{\mathrm{y}}}}$。规范中的纯钢结构支承设置计算可以作为组合梁支撑设置的特例,特例计算与钢结构规范的对比证明了本推导的正确性。

我国钢结构规范[66]对钢梁整体稳定系数的非弹性修正时,在对我国钢材调研基础上,假定塑性区应变弹性模量为初始弹性模量的

$3\%^{[126]}$。与钢结构规范假定一致,则将 $3E/100$ 代入式(4-31)可得:

$$L_w \leqslant 0.544\sqrt{2}\,r_y\sqrt{\frac{E}{f_y + \sqrt{f_y^2 - 4c(0.03E)r_y^2/A_f}}} \qquad (4-34a)$$

由于强化段弹性模量降低,显然此时 $\sqrt{f_y^2 - 4c(0.03E)r_y^2/A_f} \approx f_y$。则偏安全的上式可以化为:

$$L_w \leqslant 0.544 r_y\sqrt{\frac{E}{f_y}} \qquad (4-34b)$$

为便于工程应用,不妨将有效半径化为下翼缘宽度表示。对于常用建设用钢,其屈服强度大致在 $235\sim420$,有文献表明的桥梁用钢最高达到 700。对于矩形截面而言,截面宽度与截面有效半径之比关系为 $b_f = 2.95 r_y$。则(4-34b)又可以表达为:

$$\frac{L_w}{b_f} \leqslant 0.184\sqrt{\frac{E}{f_y}} \qquad (4-35)$$

将式 4-35 用图表达即为图 4-12。图 4-12 横坐标表示所用钢材屈服强度,纵坐标表示支承间距与下翼缘宽度之比。从图上可以看出,支承间距随着钢材屈服强度增大而减小,在塑性设计时,大致在 $3\sim6$ 倍下翼缘宽度。

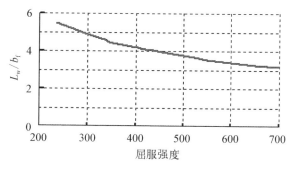

图 4-12　弹塑性设计避免整体失稳的钢号-支承间距关系

4.5.2 腹板加肋

横向支承的设置可有效提高组合梁的抗侧向失稳刚度,但这样会影响梁跨下部有效空间的利用,且必须保证支承足够的刚度,同时也增加了工程造价和施工周期,另一种方法是在钢梁腹板设横向加劲肋。组合梁的试验研究表明,腹板设置横向加劲肋后,在加肋区域形成了由加肋腹板、钢筋混凝土板组成的Ⅱ型截面结构,加强了组合梁刚性上翼缘对工字梁下翼缘的横向约束,能有效提高组合梁的侧向失稳荷载。腹板设置横向加劲肋力学模型如图 4-13 所示,图(a)为横截面图,图(b)为肋沿梁长分布图。

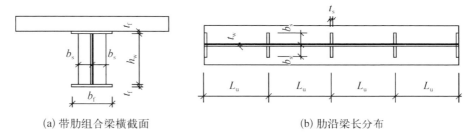

(a) 带肋组合梁横截面　　　　　　　　(b) 肋沿梁长分布

图 4-13　带横向加劲肋组合梁模型

对于腹板无肋组合梁,钢筋混凝土板经腹板对钢梁下翼缘的侧向约束作用,沿梁跨长方向连续均匀分布,可采用侧向约束连续分布的弹性约束压杆力学模型。对于腹板加肋的组合梁,肋对腹板在长度方向提供不连续的侧向支承作用,研究表明,当压杆失稳每个半波长之内至少有三个侧向弹性约束时,可以将离散的侧向约束刚度等效为平均分布在间隔长度上[124],腹板带加劲肋的惯性矩表述为:

$$I_w = \frac{t_w^3 + \dfrac{(2b_s)^3 t_s}{L_u}}{12} \tag{4-36}$$

由 4.2.2 节所推导之半波长公式：

$$L_{\mathrm{w}} = \pi\,(EI_{\mathrm{bf}}/c)^{0.25}$$

得：

$$L_{\mathrm{w}} = \pi\sqrt[4]{\dfrac{12EI_{\mathrm{bf}}h_{\mathrm{w}}^3}{3E\left(t_{\mathrm{w}}^3 + \dfrac{(2b_{\mathrm{s}})^3 t_{\mathrm{s}}}{L_{\mathrm{u}}}\right)}} \tag{4-37}$$

则若要一个半波长度不小于一个肋间距的四倍,则有：

$$L_{\mathrm{w}} \geqslant 4L_{\mathrm{u}} \tag{4-38}$$

此式可由 L_{u} 的隐式方程表述为：

$$\pi^4 I_{\mathrm{bf}}h_{\mathrm{w}}^3 \geqslant 64L_{\mathrm{u}}^4 t_{\mathrm{w}}^3 + 512L_{\mathrm{u}}^3 b_{\mathrm{s}}^3 t_{\mathrm{s}} \tag{4-39}$$

在满足上式的情况下,可以推导为满足组合梁下翼缘避免侧向失稳的设置条件。

将式(4-36)代入式(4-17)即可得在配置加劲肋情况下弹性地基压杆模型临界稳定承载力：

$$N_{\mathrm{cr}} = E\sqrt{I_{\mathrm{bf}}}\sqrt{\dfrac{t_{\mathrm{w}}^3 + \dfrac{8b_{\mathrm{s}}^3 t_{\mathrm{s}}}{nh_{\mathrm{w}}}}{h_{\mathrm{w}}^3}} \tag{4-40}$$

令

$$\sigma_{\mathrm{cr}} = \dfrac{N_{\mathrm{cr}}}{A_{\mathrm{f}}} \tag{4-41}$$

使弹性约束压杆在塑性之前不屈曲则必须 $f_{\mathrm{y}} \leqslant \sigma_{\mathrm{cr}}$,即：

$$f_{\mathrm{y}} \leqslant \dfrac{E}{A_{\mathrm{f}}}\sqrt{I_{\mathrm{bf}}}\sqrt{\dfrac{t_{\mathrm{w}}^3 + 8\dfrac{b_{\mathrm{s}}^3 t_{\mathrm{s}}}{nh_{\mathrm{w}}}}{h_{\mathrm{w}}^3}} \tag{4-42}$$

令：$n = \dfrac{L_{\mathrm{u}}}{h_{\mathrm{w}}}$，则解方程即得满足弹性地基压杆在达到截面屈服之前不发生侧扭屈曲时肋的设置间距：

$$n \leqslant \dfrac{8b_{\mathrm{s}}^3\, t_{\mathrm{s}}}{\dfrac{f_{\mathrm{y}}^2 A_{\mathrm{f}}\, h_{\mathrm{w}}^4}{E^2 r_{\mathrm{y}}^2} - t_{\mathrm{w}}^3\, h_{\mathrm{w}}} \qquad (4-43)$$

按中国规范，横向加劲肋用钢板两侧配置时，其宽度和厚度应满足：

$$\left.\begin{array}{l} b_{\mathrm{s}} \geqslant \dfrac{h_{\mathrm{w}}}{30} + 40 \\[2mm] t_{\mathrm{s}} \geqslant \dfrac{b_{\mathrm{s}}}{15} \end{array}\right\} \qquad (4-44)$$

则将式(4-44)代入可求得满足中国规范肋宽厚比要求的，满足弹性约束压杆达到塑性之前不屈曲的肋间距离与截面几何条件关系式：

$$n \leqslant \dfrac{\left(\dfrac{1}{30} + \dfrac{40}{h_{\mathrm{w}}}\right)^4}{22.5\left(\dfrac{f_{\mathrm{y}}^2 A_{\mathrm{f}}}{12E^2 r_{\mathrm{y}}^2} - \dfrac{t_{\mathrm{w}}^3}{12h_{\mathrm{w}}^3}\right)} \qquad (4-45)$$

当组合梁进入全截面塑性时，翼缘压缩应变将远远大于钢材屈服时截面的应变，为求得压杆材料在达到极限强度之前，综合 4.5.1 节所述，此时下翼缘的弹性模量取为初始弹性模量的 0.03，而横向肋的弹性模量则仍维持初始弹性模量，根据切线理论切线模量替代初始弹性模量之后，式(4-42)可以化为：

$$f_{\mathrm{y}} \leqslant \dfrac{\sqrt{E}\sqrt{0.03E}}{A_{\mathrm{f}}}\sqrt{I_{\mathrm{bf}}}\sqrt{\dfrac{t_{\mathrm{w}}^3 + 8\dfrac{b_{\mathrm{s}}^3\, t_{\mathrm{s}}}{n h_{\mathrm{w}}}}{h_{\mathrm{w}}^3}} \qquad (4-46)$$

解之即得满足构件不发生整体失稳的条件为：

$$n \leqslant \frac{b_s^3 t_s}{73.9 \times \dfrac{f_y^2 A_f h_w^4}{E^2 r_y^2} - t_w^3 h_w} \qquad (4-47)$$

如将中国规范的肋刚度设置条件式(4-44)代入式(4-47)则可得出组合梁在达到全截面塑性时不出现整体失稳的肋间距：

$$n \leqslant \frac{\dfrac{1}{15}\left(\dfrac{h_w}{30}+40\right)^4}{73.9\,\dfrac{f_y^2 A_f h_w^4}{E^2 r_y^2} - t_w^3 h_w} \qquad (4-48)$$

式(4-48)表明，只要 n 满足一定的值，则整体失稳能够避免。值得说明的是，以上推导都基于均匀轴力压杆模型，当构件承受弯矩为非纯弯荷载时，受压翼缘受力为非均匀分布轴向压力，则运用上述公式所求得避免整体失稳的肋间距偏向保守，不会出现不安全结果。

例 4.2　可以根据式(4-48)求得本课题试验梁在达到全截面屈服情况下梁不发生整体失稳的肋间距。已知本试验梁上下翼缘中心距离 $h_0=255$，$f_y=345$ MPa，$A_f=14\times120$，$t_w=6$ 可得：

$$n \leqslant \frac{\dfrac{1}{15}\times 2^3 \times\left(\dfrac{h_w}{30}+40\right)^4}{73.9\,\dfrac{f_y^2 A_f h_w^4}{E^2 r_y^2} - t_w^3 h_w}$$

$$=\frac{\dfrac{1}{15}\times 2^3 \times\left(\dfrac{255}{30}+40\right)^4}{73.9\,\dfrac{345^2\times120\times14\times255^4}{(2.1e5)^2(0.294\times120)^2} - 6^3\times255}=2.72$$

即若使组合梁在负弯矩作用下在全截面达到塑性状态之前不发生

侧向整体失稳,则必须使肋间距不大于 2.72 倍腹板高。

在钢结构设计规范[66]中,为避免腹板局部失稳,规定横向加劲肋间距最大不大于 2 倍的设计钢梁高度。实际设计时,加劲肋离开柱子表面的距离 1～2 倍钢梁高[71]。按此标准所设计的组合梁,一般能满足避免整体失稳的验算要求。

4.5.3　腹板加肋或支承有限元参数评价

为研究肋的不同设置对组合梁稳定承载力的影响,采用 RDB 模型,同时假定混凝土板对钢梁扭转约束为刚性,用有限元方法对稳定承载力进行了分析。钢材为 Q345,分析了承受纯弯荷载,三组加肋钢梁如表 4-2 所示,表中Ⅰ、Ⅱ、Ⅲ根梁分别代表 EC4 中的Ⅰ、Ⅱ、Ⅲ类截面,双面加肋,肋几何参数和跨度如没有特殊说明,均采用表中数值。表中肋的几何尺寸满足钢结构规范公式的刚度设置要求[66]。

表 4-2　加肋参数分析所研究钢梁

截面	上下翼缘	腹　板	肋	L
Ⅰ	200×16	500×10	$500 \times 60 \times 6$	10 000
Ⅱ	200×12	500×8	$500 \times 60 \times 6$	10 000
Ⅲ	200×10	500×6	$500 \times 60 \times 6$	10 000

1) 肋的刚度

以表 4-2 中第二类截面为研究对象,采用不同的肋几何数值,肋间距为 1 000 mm 即两倍腹板高度,但改变肋的宽度以探究加劲肋刚度对稳定的影响,分析结果的变形和弹性临界弯矩如图 4-14 所示,图中弯矩单位为 N·mm。

从图 4-14 可以看到,肋的刚度对 RDB 梁的弹性屈曲有一定的影响。随着侧向刚度的增大,肋对下翼缘的侧向约束加强。梁失稳的波长

(a) 不设肋 M_{cr}=3.44e8
整体失稳，一个半波，半波长 10 m

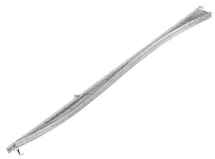

(b) 肋 500×20×6 M_{cr}=1.14e9
整体失稳，两个半波，半波长 5 m

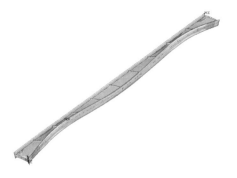

(c) 肋 500×40×6 M_{cr}=1.73e9
整体失稳三个半波，半波长 3.3 m

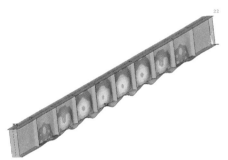

(d) 肋 500×60×6 M_{cr}=2.09e9
局部失稳，腹板翼缘皆屈曲

图 4 - 14 不同肋宽对 RDB 钢梁振型及承载力的影响

变短,屈曲荷载增大。当肋刚度较弱时,下翼缘发生整体失稳,当肋达到一定的刚度时,弹性失稳时表现的失稳模式为局部屈曲,其承载力远高于整体失稳时的临界弯矩。

2)肋的间距

以表 4 - 2 中第二类截面为研究对象,肋刚度取上述参数分析中出现局部失稳的肋刚度即 $500×60×6$,通过改变肋的间距以探究加劲肋刚度对稳定的影响,分析结果的变形和弹性临界弯矩如图 4 - 15 所示。

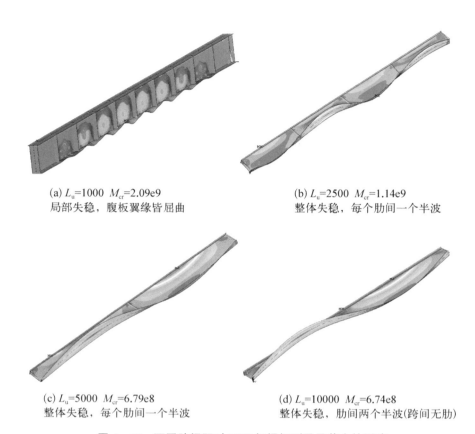

(a) L_u=1000 M_{cr}=2.09e9
局部失稳，腹板翼缘皆屈曲

(b) L_u=2500 M_{cr}=1.14e9
整体失稳，每个肋间一个半波

(c) L_u=5000 M_{cr}=6.79e8
整体失稳，每个肋间一个半波

(d) L_u=10000 M_{cr}=6.74e8
整体失稳，肋间两个半波(跨间无肋)

图 4‑15　不同肋间距对 RDB 钢梁振型及承载力的影响

图 4‑15 显示，以满足钢结构规范刚度设置的横向加劲肋基本上能够满足刚性支承要求，在肋设置处整体失稳振型位移为 0。随着肋设置间距的增大，弹性临界弯矩减小，当达到一定间距即肋间出现两个半波之后，临界弹性弯矩没有显著上升。

如 4.4.2 节所述，中国规范[66]对纯钢梁肋的设置规定了一定的刚度和间距要求，对于本章计算所采取的截面Ⅱ构件，按规范规定的肋设置宽度为 60 mm，间距不大于 2 倍腹板高度。截面的弹性分析也表明满足中国规范规定的肋设置能够满足设肋处失稳模态位移为 0 的刚度要求。

3）支承的间距

同样以表 4-2 中第二类截面为研究对象，在钢梁受压翼缘中部设置横向支承，支承假定为绝对刚性，改变支承间距以探究支承间距对稳定的影响，分析结果的变形和弹性临界弯矩如图 4-16 所示。有限元中支承的设置可以通过设置支承处的节点横向位移实现。

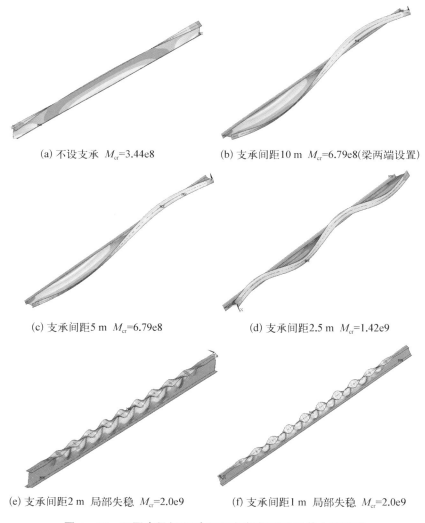

(a) 不设支承　M_{cr}=3.44e8　　　　　　　(b) 支承间距10 m　M_{cr}=6.79e8(梁两端设置)

(c) 支承间距5 m　M_{cr}=6.79e8　　　　　　(d) 支承间距2.5 m　M_{cr}=1.42e9

(e) 支承间距2 m　局部失稳　M_{cr}=2.0e9　　(f) 支承间距1 m　局部失稳　M_{cr}=2.0e9

图 4-16　不同支承间距对 RDB 钢梁振型及承载力的影响

图 4-16 显示,总体而言,梁的弹性临界抗弯承载力随着支承间距的增加而减小。但也可以看到,支承的主要作用为减小下翼缘的出平面支承长度,主要对梁的整体稳定作用比较大,当支承小于一定距离之后,梁的失稳模式表现为局部失稳,则此时再减小支承间距则并未有发现局部屈曲情况下的弹性临界失稳承载力提高的情况,如图 4-16(e)、(f)所示。当支承的间距大于一定的距离之后,支承中出现多于一个半波之后,本例中如图 4-16(b)、(c),随着支承距离的增加,也不会出现弹性临界力降低的情况。

从肋的设置间距和支承间距的有限元分析对比说明,RDB 梁的临界弹性弯矩主要与梁的失稳波长有关,肋和支承设置对整体失稳的影响是通过改变波长的方式影响弹性临界应力的,当两种肋的设置间距、两种支承的设置间距产生同样的组合梁稳定波形时,间距的设置便不再影响临界弹性弯矩。

4.5.4 讨论

欧洲规范 EC4[14]通过如下定性规定可以不验算畸变失稳的构造措施[71]。当同时满足如下条件时,可以不考虑畸变失稳:

(1) 相邻跨中,长跨不超出短跨跨度 25%,悬臂段不超过邻跨跨度的 15%。对于本文第 6 章推导可知,当相邻跨跨长差别越大,达到同样内力重分布所需塑性转角就越大,显然塑性转角越大,由前所述,其下翼缘压缩应变越大,进入强化段越多,钢材弹性模量越低,对保持稳定越不利。

(2) 每跨的荷载都相似,且恒载超过总荷载的 40%。不利的荷载分布加大了截面的转动,对截面保持稳定不利。

(3) 钢梁上翼缘与混凝土板采用抗剪连接件可靠连接。文献[124]的研究表明,组合梁下翼缘侧扭失稳时,混凝土板抗扭、剪力连接件、腹板抗弯相当于一个为下翼缘侧扭提供约束的串联弹簧,显然抗剪连接件强弱或可靠与否是下翼缘侧扭失稳的主要因素。

（4）混凝土板由平行的一系列钢梁支承,以形成倒 U 形框架模型。倒 U 形框架对下翼缘提供的侧扭约束通过混凝土板的抗弯实现。而非倒 U 形框架对下翼缘提供的侧扭约束通过混凝土自身抗扭转实现,倒 U 形框架所提供的约束要更强大。

（5）在每一个支座处（梁柱连接处）,腹板和下翼缘的侧向位移均得到约束,其他部位可以是未加劲肋的。支座处为负弯矩最大部分,也是失稳发生区域,在支座区对下翼缘构造与加强是避免组合梁侧扭屈曲的主要手段。

（6）未外包混凝土钢梁的高度不超过表 4-2 中限值。在两个翼缘之间腹板两侧填混凝土的钢梁,其高度不超过表 4-2 中数值再加 200 mm。在混凝土板、栓钉、腹板组成的对下翼缘的约束串联弹簧链中,显然腹板的加强亦为提高侧扭屈曲的有效措施。

表 4-3　未外包混凝土钢梁的高度限值

型 钢 规 格	钢　　　号		
	S235	S275	S355
窄翼缘工字钢系列	IPE600×220×12×19	IPE550×210×11.1×17.2	IPE400×180×8.6×13.5
宽翼缘系列	HE800×300×17.5×33	HE700×300×17×32	HE650×300×16×31

4.6　本　章　小　结

对预应力组合梁考虑稳定的承载力问题,目前国内外尚无明确的确定方法。本文采用有限元分析方法,对体外预应力组合梁进行了非线性失稳分析,研究了几何缺陷、残余应力分布和综合力比以及截面几何参数对预应力组合梁稳定系数 ϕ 的影响。定义了预应力组合梁的修正长细比 λ_L，有限元计算结果与 GB 50017—2003 的柱子稳定系数曲线 a 吻合。预应力组合梁失稳承载力可采用长细比 λ_L，配合 GB 50017—2003 的柱子稳定系曲线计算。

按弹性和塑性设计方法分别推导了为避免整体失稳的支撑间距计算公式。

横肋的设定目前规范规定为防止局部屈曲，但对组合梁而言，横肋也可以对组合梁避免整体侧扭失稳起作用。本文分别按弹性和塑性设计方法分别推导了横肋刚度和设置间距关系公式。用有限元方法讨论了肋刚度、间距、支承间距对组合梁弹性临界稳定承载力的作用。按现行钢结构规范设置横肋能够避免组合梁整体失稳发生于全截面塑性之前。

第5章

预应力组合梁局部屈曲下的延性研究

5.1 概　　述

组合梁截面设计中应考虑组合梁在负弯矩作用下的局部失稳。若钢梁腹板和受压翼缘的宽厚比较小,局部失稳会在截面进入完全塑性状态后出现,并表现出良好的屈曲后性能;若组合梁的腹板和受压翼缘板的宽厚比较大,局部失稳会在截面尚处于弹性或刚进入屈服状态发生,且一旦失去稳定,承载力迅速下降。由于失稳时截面应力状态不同,对组合梁承载力的影响也是不同的。根据截面所能达到的弯矩强度,美国公路桥梁规范 AASHTO[87] 将组合梁截面分为密实截面和非密实截面,密实截面的局部失稳在截面屈服后出现,非密实截面的局部失稳则在截面屈服之前出现。欧洲组合结构规范 EC4[14] 则将截面分为塑性、密实、半密实和纤细四类,其主要力学特性为:① 第Ⅰ类截面,塑性截面:具有足够塑性转动能力的截面;② 第Ⅱ类截面,密实截面:受钢梁局部失稳控制其塑性转动能力的截面;③ 第Ⅲ类截面,半密实截面:钢梁受压翼缘屈服,受局部失稳影响不能达到全塑性弯曲的截面;④ 第Ⅳ类截面,纤细截面:钢梁受压翼缘在屈服之前被局部失稳破坏的截面。

总体而言,上述截面分类方法定性地给出了发生局部屈曲时截面的应力水平。然如何定量给出不同截面的延性数值,为科研和设计工作者提供组合梁在负弯矩作用下转动能力量化的评价方法,亦亟待解决。

5.2 延 性 定 义

延性概念具有丰富的内涵,延性反映了结构的非弹性变形的能力,这种能力能保证强度不会因为变形而急剧下降。度量结构延性的尺度有绝对的延性数值和相对延性值的延性系数,相对延性系数一般有以下几种表述:

$$\mu_{\varphi} = \frac{\varphi_{u} - \varphi_{y}}{\varphi_{y}} \tag{5-1}$$

$$\mu_{\Delta} = \frac{\Delta_{u} - \Delta_{y}}{\Delta_{y}} \tag{5-2}$$

$$\mu_{\theta} = \frac{\theta_{u} - \theta_{y}}{\theta_{y}} \tag{5-3}$$

式中,μ_{φ},μ_{Δ},μ_{θ} 分别为曲率、位移和转角的延性系数;φ_{u},Δ_{u},θ_{u} 分别为名义抵抗弯矩时的极限曲率、位移和转角;φ_{y},Δ_{y},θ_{y} 分别为对应屈服弯矩时的弹性曲率、位移和转角。

曲率延性反映某一截面的延性,然不能完全体现出整个构件或结构的延性或变形能力。转角延性则反映了一段梁长度上的延性,尽管不如截面延性方便,但能比较完全地体现出整个构件的延性或变性能力。本章分别采用转动能力和延性系数来研究预应力组合梁在负弯矩作用下的延性:

$$\theta_{a} = \theta_{u} - \theta_{y} = \theta_{u} - \int_{0}^{l_{p}} \frac{P(L-z)}{EI_{cr}} \mathrm{d}z \tag{5-4}$$

$$\mu_\theta = \frac{\theta_a}{\theta_y} = \frac{\theta_u - \theta_y}{\theta_y} \qquad\qquad (5-5)$$

式中，θ_a 为截面承载能力下至塑性承载能力 M_p 之前的以非线性转角表达的转动能力，M_p 为采用简化塑性计算方法计算的截面塑性弯矩，见公式（4-1）；l_p 为等效塑性铰长度；θ_u 为截面承载能力下降至塑性承载能力 M_p 之前的塑性铰区总的转角；θ_y 为截面承载能力下降至塑性承载能力 M_p 之前的塑性铰区的线性转角；I_{cr} 为负弯矩区开裂后的惯性矩。

为研究连续组合梁支座区在负弯矩作用下的延性，连续梁中间支座至反弯点之间采用一悬臂梁来简化，符号的意义如图 5-1 所示。

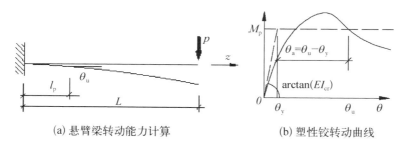

(a) 悬臂梁转动能力计算　　　　(b) 塑性铰转动曲线

图 5-1　转动能力计算示意图

5.3　弹性理论求解板件的屈曲

试验表明，连续组合梁在支座负弯矩区板件会发生局部屈曲。梁抵抗弯矩主要为钢梁上下翼缘，下翼缘在压力作用下的力学性能，是影响整根梁受弯荷载下力学性能的主要因素。为简化分析，取下翼缘的一半进行分析。按照单向均匀受压矩形板分析，板两个加载边和一个非加载边简支，另一个非加载边自由[77]，即在 x 方向承受压力，在 $y=0$ 边活动简支，$y=b$ 处自由。如图 5-2 所示。

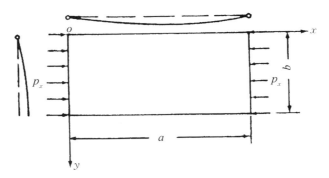

图 5 - 2　三边简支一边受压板屈曲图

　　板在微弯状态时的总势能 Π 是板的应变能 U 和外力势能 V 之和,即

$$\Pi = U + V \tag{5-6}$$

式中板的应变能为:

$$U = \frac{D}{2} \int_0^a \int_0^b \left\{ \left(\frac{\partial^2 \omega}{\partial x^2} + \frac{\partial^2 \omega}{\partial y^2} \right)^2 - \right.$$
$$\left. 2(1-\mu) \left[\frac{\partial^2 \omega}{\partial x^2} \times \frac{\partial^2 \omega}{\partial y^2} - \left(\frac{\partial^2 \omega}{\partial x \partial y} \right)^2 \right] \right\} \mathrm{d}x\,\mathrm{d}y \tag{5-7}$$

外力势能为:

$$V = -\frac{1}{2} \int_0^a \int_0^b \left[N_x \left(\frac{\partial \omega}{\partial x} \right)^2 + N_y \left(\frac{\partial \omega}{\partial y} \right) + 2N_{xy} \frac{\partial \omega}{\partial x} \times \frac{\partial \omega}{\partial y} \right] \mathrm{d}x\,\mathrm{d}y$$
$$\tag{5-8}$$

　　因为 $p_y = p_{xy} = 0$,则由式(5-7)、式(5-8)可得板的总势能表达式

$$\Pi = \frac{D}{2} \int_0^a \int_0^b \left\{ \left(\frac{\partial^2 \omega}{\partial x^2} + \frac{\partial^2 \omega}{\partial y^2} \right)^2 - \right.$$
$$\left. 2(1-\mu) \left[\frac{\partial^2 \omega}{\partial x^2} \times \frac{\partial^2 \omega}{\partial y^2} - \left(\frac{\partial^2 \omega}{\partial x \partial y} \right)^2 \right] \right\} \mathrm{d}x\,\mathrm{d}y -$$
$$\frac{1}{2} \int_0^a \int_0^b p_x \left(\frac{\partial \omega}{\partial x} \right)^2 \mathrm{d}x\,\mathrm{d}y \tag{5-9}$$

假定板的挠曲面函数

$$\omega = Ay\sin\frac{m\pi x}{a} \tag{5-10}$$

可验证符合几何边界条件：

$$当\ x = 0, a\ 时, \omega = 0$$
$$当\ y = 0\ 时, \omega = 0$$
$$当\ y = b\ 时, \omega \neq 0$$

将式(5-10)代入式(5-9)，积分后得

$$\Pi = \frac{D}{2}A^2\frac{m^2\pi^2}{a^2}\left[\frac{m^2\pi^2 b^2}{6a^2} + (1-\mu)\right]ab - \frac{p_x}{12}A^2\frac{m^2\pi^2}{a^2}\times ab^3 \tag{5-11}$$

由势能驻值原理 $\dfrac{\mathrm{d}\Pi}{\mathrm{d}A} = 0$，得

$$A\left\{\frac{Dm^2\pi^2 b}{a}\left[\frac{m^2\pi^2 b^2}{a^2} + (1-\mu)\right] - p_x\frac{m^2\pi^2 b^3}{a}\right\} = 0 \tag{5-12}$$

因为 $A \neq 0$，所以

$$p_x = \left[\frac{m^2\pi^2 b^3}{a^2} + 6(1-\mu)\right]\frac{D}{b^2} \tag{5-13}$$

令 $m = 1$，可得 p_x 的最小值

$$p_{x,\mathrm{cr}} = k\frac{\pi^2 D}{b^2} \tag{5-14}$$

式中,屈曲系数 $k = \left[\dfrac{\pi^2 b^2}{a^2} + 6(1-\mu)\right]/\pi^2$,若 $\mu = 0.3$ 代入,则

$$k = 0.425 + b^2/a^2 \tag{5-15}$$

当 $a \gg b$ 时　　　　　　$k = 0.425$

计算可知,在 x 和 y 方向,板都是以一个半波发生凸曲。同时,还可以看出,影响板屈曲应力的主要因素为:① 板的厚度,随着板厚度的增大,屈曲应力迅速增大;② 板宽,随着板宽度的增大,屈曲应力减小。

5.4 塑性铰长度

度量延性的一个重要指标就是塑性铰长度。正弯矩作用下组合梁的破坏状态主要以混凝土压碎为特征,负弯矩作用下的破坏状态大都以钢梁局部屈曲或畸变失稳为特征。组合梁在负弯矩下塑性铰长度的取值存在不同观点,Chen 认为支座单侧塑性铰长度可按腹板局部失稳半波长长度或钢梁高度的 0.5 倍[124]选取;朱聘儒认为塑性铰总长度为 2 倍梁高[46];樊健生认为塑性铰长度为 1.75 的梁高[120];余志武取塑性铰长度为 2 倍的梁有效高度[88];吴香香取塑性铰长度为压弯构件长度的 20%[127]。综上所述可以看到,组合梁在负弯矩作用下的塑性铰长度取值既不统一也缺乏必要的论证。

为评定塑性铰长度,本节采用有限元分析方法,对预应力组合梁进行了计算分析。本章除特殊说明外,均取以下基准参数:力学模型见图 5-1,梁长取 3 m,一端固端约束,悬臂端作用集中荷载。钢材和钢筋屈服强度均为 345 MPa,预应力钢绞线屈服强度 1 680 MPa,张拉后应力 1 000 MPa,弹性模量 1.92×10^5 MPa;混凝土板厚 130 mm,宽 1 000 mm,混凝土强度为 C40;钢梁上下翼缘宽 250 mm,上翼缘厚 8 mm,下翼缘厚 25 mm;腹板高 600 mm,厚 16 mm。综合力比为 0.4,普通力比为 0.3。采用 ABAQUS,有限元计算技术详见第 3 章。

数据处理横坐标为沿梁长方向距离中支座的距离,单位为腹板高,纵坐标为沿梁长的非线性转角积分即式(5-4)。

5.4.1　梁侧向支承对塑性铰长度的影响

梁端下翼缘加侧向支承可避免梁整体失稳。塑性设计时,为了避免梁整体失稳的发生,如上一章推导,侧向支承距离支座的距离必须满足:

$$L_{\mathrm{w}} = 0.184 r_{\mathrm{y}} \sqrt{\frac{E}{f_{\mathrm{y}}}} \qquad (5-16)$$

式中,r_{y} 为梁受压部分的回转半径。

为研究侧向支承对于梁端塑性铰长度的影响,计算了三根组合梁,三根梁侧向支承距离中支座的距离分别为 1 倍腹板高、1.5 倍和 2 倍腹板高。计算结果如图 5-3 所示,图中 h_{w} 代表腹板高度。图 5-3 显示:随着非线性转角距离中支座距离的增加,非线性逐渐增大,但当距离 0.5 倍腹板高度之后,非线性转角则基本固定于某一定值,说明塑性铰距离中支座 0.5 倍的腹板高度之内。同时图 5-3 也显示,随着侧向支承距中支座的位置变化,转动能

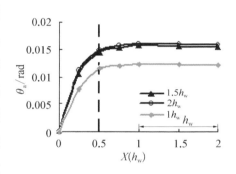

图 5-3　侧向支承位置:转角-
距支座距离曲线

力稍有变化,但塑性铰的长度基本保持 0.5 倍的腹板高度。下边的研究中均采用侧向支承距离中支座距离为 1 倍腹板高。

5.4.2　梁跨高比对塑性铰长度的影响

混凝土梁出现塑性铰是因截面达到塑性极限弯矩,并由此产生转动变形,研究发现混凝土梁塑性铰长度有如下规律:① 随跨高比的增加而增加;② 随梁的有效高度的增加而增加[129-131]。组合梁负弯矩区塑性铰的形成机理与混凝土梁塑性铰形成机理存在较大区别,主要由于局

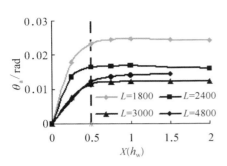

图 5-4　不同跨度时转角-
距支座距离曲线

部失稳和材料非线性变形共同作用形成。为进一步研究组合梁跨高比与塑性铰长度的关系,分别计算了悬臂梁长为 1 800, 2 400, 3 000, 4 800 四根悬臂梁,计算结果如图 5-4。图中横坐标为悬臂梁距支座距离,单位为一个腹板高度,纵坐标为距离中支座范围内的塑性转角。

图 5-4 表明:随着组合梁跨高比的增加,塑性铰区的转动能力减小。但梁跨高比的增加,并未出现像混凝土梁中塑性铰长度增加的现象,悬臂梁的塑性转动主要集中在腹板高度 0.5 倍之内。

5.4.3　腹板高厚比

承受负弯矩的组合梁,腹板即承受弯矩,又对翼缘提供了侧向约束,腹板的高厚比对截面的承载能力和延性有较大的影响。为研究腹板高厚比对塑性铰转动能力和塑性铰长度的影响,分析了腹板高厚比不同的三个截面。计算结果见图 5-5。腹板高厚比为 500/16 时,转动能力为 0.022,高厚比为 600/12,转动能力减小至 0.010。非线性转角仍然集中在 0.5 倍的腹板高度之内,塑性铰长度并未明显改变。

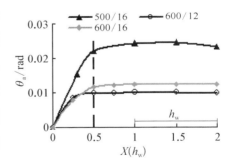

图 5-5　不同腹板高厚比:转角-
距支座距离曲线

5.4.4　力比对塑性铰长度的影响

当截面钢筋配筋率增加,组合梁截面的塑性中和轴位置升高,增加了腹板受压部分的高厚比,板件的屈曲临界应力减小,稳定承载力降低。为研究组合梁力比变化对塑性铰长度的影响,分析了普通力比分别为0.3、0.4和0.6三根组合梁,计算结果如图5-6(a)所示,可以看出:转动能力随着力比的增加而下降,但塑性铰长度并未发生明显的变化,仍然保持在0.5倍腹板高度范围。另外,分析了普通力比为0.3,综合力比分别为0.4、0.6和0.8三组梁。计算结果如图5-6(b)所示,可以发现:预应力组合梁情况与普通组合梁非常相似,当预应力度增加,塑性铰区转动能力下降,但塑性铰长度并未发生明显的变化,非线性转动仍然集中在0.5倍的腹板高度之内。

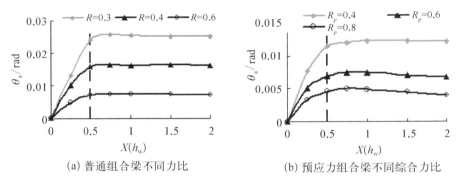

(a) 普通组合梁不同力比　　　　(b) 预应力组合梁不同综合力比

图 5-6　不同力比时转角-距支座距离曲线

5.4.5　翼缘宽厚比影响

组合梁负弯矩区的局部失稳常常是翼缘和腹板的相关屈曲失稳,翼缘和腹板相互影响。采用有限元方法分析对比了截面翼缘宽厚比分别为:250/20,250/30,300/20的组合梁。图5-7为不同翼缘宽厚比下

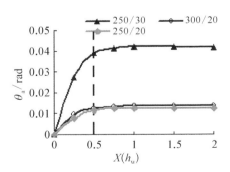

图 5-7　不同翼缘宽厚比:转角-距支座距离曲线

转角-距支座距离计算曲线。翼缘宽厚比 250/30 截面的负弯矩区的转动能力大于 300/20 的转动能力。非线性转角仍然在 0.5 倍的腹板高度范围内。

5.4.6　塑性铰长度的讨论

根据上述支承距离中支座的距离、跨高比、综合力比以及截面几何参数对预应力组合梁塑性铰长度和转动能力的影响的分析,可以发现:负弯矩极限状态下普通组合梁以及预应力组合梁,梁的塑性铰长度都约为 0.5 倍的腹板高度。此分析结果对连续组合梁的塑性设计具有参考价值。

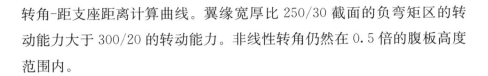

5.5　转动能力:现有模型的分析和比较

连续梁设计或框架节点的设计中,内力重分布程度与关键截面的转动能力有关。在连续组合梁的内支座区域,混凝土板受拉而钢梁下翼缘受压,钢梁的局部屈曲会影响截面承载能力和截面延性,梁轴线方向施加预应力产生的轴压会加剧屈曲发生,因此,截面转动能力的验算尤为重要。EC4[14] 根据截面受压翼缘和腹板的宽厚比将组合梁截面分为四类,其中第 1、2 类截面是指截面达到塑性弯矩后才出现局部屈曲的组合截面。不少文献对组合梁负弯矩区截面的转动能力给出了计算公式,具体阐述如下。

1. Schilling 组合梁模型[132]

在组合梁试验结果分析基础上,Schilling 根据腹板的高厚比建议了 5 条 $M-\theta_{pl}$ 曲线。

1) M_{ref} 取值

当腹板高厚比小于 134 时,M_{ref} 取为简化塑性弯矩。腹板高厚比

在 134～170 之间时

$$\frac{M_{\text{ref}}}{M_{\text{p}}} = 1.41 - 0.003\,06\,\frac{b_{\text{w}}}{t_{\text{w}}} \tag{5-17}$$

式中，b_{w}，t_{w} 分别为腹板的高度和厚度。

2）$M-\theta_{\text{p}l}$ 曲线描述

曲线上升部分用经验公式描述

$$\frac{M}{M_{\text{ref}}} = -0.000\,23\,(\theta_{\text{p}l})^4 + 0.004\,6\,(\theta_{\text{p}l})^3 - 0.040\,(\theta_{\text{p}l})^2 +$$

$$0.248\theta_{\text{p}l} + 0.17 \quad \theta_{\text{p}l}(\text{mrad}) \tag{5-18}$$

下降部分曲线

$$\frac{M}{M_{\text{ref}}} = 1.00 - 9.2\,\frac{\theta_{\text{p}l} - \theta_{\text{av}}}{1\,000} \quad (\theta_{\text{p}l},\theta_{\text{av}}:\text{mrad}) \tag{5-19}$$

3）转动能力 θ_{av}

转动能力是和 M_{ref} 相联系的，在上述 M_{ref} 定义之下，θ_{av} 被定义为腹板长细比的函数，如表 5-1 所示。

表 5-1 腹板高厚比与转角的关系

$b_{\text{w}}/t_{\text{w}}$	80	100	120	140	160
$\theta_{\text{av}}/(\text{mrad})$	65.1	45.2	30.8	20.2	10.7

4）适用条件

（1）受压翼缘宽厚比 $\dfrac{b_{f_{\text{c}}}}{2t_{f_{\text{c}}}} \leqslant 0.291\sqrt{\dfrac{E}{f_{\text{y}}}}$（相当于 EC4 中一类截面翼缘）。

（2）横向加劲肋置于距中支座 $\dfrac{b_{\text{w}}}{2}$ 处。

（3）足够数量的侧向支承以避免整体失稳的发生。

2. Shiming Chen 模型[124]

通过计算机模拟和悬臂梁试验提出了用三个参数 K_1，K_2，K_3 表达截面 $M\text{-}\theta_{\mathrm{p}l}$ 曲线和转动能力。

1）M_{ref} 取值

M_{ref} 给出两个建议值：全截面塑性承载力 M_{p}，$0.8M_{\mathrm{p}}$。

2）曲线用三参数表示

当参数选择 M_{p} 时截面的转动能力为

$$\theta_{\mathrm{av}} = K_1 \times \theta_{\mathrm{pe}} \tag{5-20}$$

式中，$\theta_{PE} = \phi_{PE}\dfrac{h}{2}$，$\phi_{\mathrm{pe}}$ 塑性铰区的线弹性曲率求法为：$\phi_{\mathrm{pe}} = \dfrac{M_{\mathrm{p}}}{EI_{\mathrm{cr}}}$。

$K_1 = 134 - 7.29\lambda_{\mathrm{c}}$，$\lambda_{\mathrm{c}}$ 为反映截面性质参数 $\lambda_{\mathrm{c}} = \left[\left(\dfrac{\alpha d}{t_{\mathrm{w}}\varepsilon}\dfrac{3A_{\mathrm{w}}}{A} \right) \left(\dfrac{c}{t_{\mathrm{f}}\varepsilon}\dfrac{3A_{\mathrm{f}}}{A} \right) \right]^{\frac{1}{2}}$。

3. Barth K. E.，White D. W. 模型[133]

以有限元为工具，通过对纤细钢梁（slender steel beam）参数分析，提出纯钢梁 $M\text{-}\theta_{\mathrm{p}l}$ 曲线。

1）M_{ref} 取值

所建议 M_{ref} 为一个经验化的全截面塑性弯矩的函数。

$$\frac{M_{\mathrm{ref}}}{M_{\mathrm{p}l}} = 1 + \frac{3.6}{\sqrt{\dfrac{2b_{\mathrm{c,p}l}}{t_{\mathrm{w}}}}} + \frac{1}{10\dfrac{2b_{\mathrm{c,p}l}t_{\mathrm{w}}}{b_{f_{\mathrm{c}}}t_{f_{\mathrm{c}}}}} - 0.4\frac{M_{\mathrm{p}l}}{M_{\mathrm{e}l}} \leqslant 1$$

$$\tag{5-21}$$

式中，$b_{c,pl}$ 为全截面塑性状态下受压腹板高。

2）M-θ_{pl} 曲线

上升阶段

$$\frac{M}{M_{ref}} = 0.7 + 0.06\theta_{pl} \qquad (\theta_{pl}：mrad) \qquad (5-22a)$$

平台为转动能力

$$\theta_{av} = \left[0.128 - 0.011\,9\,\frac{b_{f_c}}{2t_{f_c}} - 0.021\,6\,\frac{b_w}{b_{f_c}} + \right.$$
$$\left. 0.002\,\frac{b_{f_c}b_w}{2t_{f_c}b_{f_c}} \right]1\,000 \qquad (\theta_{av}：mrad) \qquad (5-22b)$$

下降段

$$\frac{M}{M_{ref}} = 1 - 0.016(\theta_{pl}-\theta_{av}) + 0.000\,1\,(\theta_{pl}-\theta_{av})^2 \qquad (\theta_{pl}\theta_{av}：mrad)$$

$$(5-22c)$$

3）适用条件

（1）腹板高厚比 86 和 163 之间。

（2）自由受压翼缘宽厚比 7.0 和 9.2 之间。

（3）钢材强度 350。

（4）剪力限值为 60% 的腹板抗剪承载力。

4．Wargsjö 模型[134]

通过 10 根纯钢梁试验得出 M-θ_{pl} 曲线。曲线双线性特征：平台＋下降段。

1）文中建议 M_{ref} 全截面塑性弯矩

平台长度即为转动能力值：

$$\theta_{\mathrm{av}} = \begin{cases} 15 + 60\left[3.2 - \dfrac{b_{\mathrm{w}}}{t_{\mathrm{w}}}\sqrt{\dfrac{f_{\mathrm{y}}}{E}}\right] & (\theta_{\mathrm{av}}: \mathrm{mrad}) \left(2.4 < \dfrac{b_{\mathrm{w}}}{t_{\mathrm{w}}}\sqrt{\dfrac{f_{\mathrm{y}}}{E}} < 3.2\right) \\ & \quad (5-23\mathrm{a}) \\ 15 & (\theta_{\mathrm{av}}: \mathrm{mrad}) \left(3.2 < \dfrac{b_{\mathrm{w}}}{t_{\mathrm{w}}}\sqrt{\dfrac{f_{\mathrm{y}}}{E}} < 4.8\right) \\ & \quad (5-23\mathrm{b}) \end{cases}$$

下降段

$$\frac{M}{M_{\mathrm{ref}}} = 1 - \frac{k_\theta}{M_{\mathrm{ref}}}(\theta_{\mathrm{p}l} - \theta_{\mathrm{av}}) \qquad (\theta_{\mathrm{p}l}\theta_{\mathrm{av}}: \mathrm{mrad}) \qquad (5-24)$$

其中

$$\frac{k_\theta}{M_{\mathrm{ref}}} = 0.007 \ \mathrm{mrad}^{-1}$$

2）适用条件

（1）腹板高厚比 80 和 121 之间。

（2）自由受压翼缘宽厚比 6.5。

（3）钢材强度 S355。

（4）腹板高厚比上限为 $\dfrac{b_{\mathrm{w}}}{t_{\mathrm{w}}}\sqrt{\dfrac{f_{\mathrm{y}}}{E}} = 2.4$。

5. Axhag F. 模型[135]

通过 14 根高强钢梁试验，提出了一个 M-$\theta_{\mathrm{p}l}$ 曲线。曲线双线性特征：平台＋下降段。

1）M_{ref} 取值

$$\frac{M_{\mathrm{ref}}}{M_{\mathrm{p}l}} = \begin{cases} 1 & \left(\dfrac{b_{\mathrm{c}}}{t_{\mathrm{w}}} \leqslant 30\right) & (5-25\mathrm{a}) \\ 1.0 - 0.004\ 4\left(\dfrac{b_{\mathrm{c}}}{t_{\mathrm{w}}} - 30\right) & \left(30 < \dfrac{b_{\mathrm{c}}}{t_{\mathrm{w}}} \leqslant 60\right) & (5-25\mathrm{a}) \end{cases}$$

2) 曲线及转动能力

转动能力当做受压腹板高厚比 $\lambda_{w,c} = \dfrac{b_c}{t_w}\sqrt{\dfrac{f_y}{E}}$ 的函数

$$
\theta_{av} = \begin{cases}
63 & (\lambda_{w,c} \leqslant 1) & (5-26a) \\
63 - 86(\lambda_{w,c} - 1) & (1 < \lambda_{w,c} \leqslant 1.5) & (5-26b) \\
20 - \dfrac{20}{3}(\lambda_{w,c} - 1.5) & (1 < \lambda_{w,c} \leqslant 1.5) & (5-26c) \\
10 & (3 < \lambda_{w,c}) & (5-26d)
\end{cases}
$$

特殊地方为转动能力不是依赖于高厚比,而是依赖与受压腹板高厚比。

下降段为

$$
\dfrac{k_\theta}{M_{ref}} = \begin{cases}
0.007 & \left(\theta_{pl} \leqslant \dfrac{1}{(b_w/t_w)^2} \dfrac{A_w}{A_{f_c}} \dfrac{E}{f_y}\right) & (5-27a) \\
0.020 & \left(\theta_{pl} > \dfrac{1}{(b_w/t_w)^2} \dfrac{A_w}{A_{f_c}} \dfrac{E}{f_y}\right) & (5-27b)
\end{cases}
$$

3) 适用条件

(1) 腹板高厚比在 36 与 116 之间。

(2) 自由翼缘宽厚比 5。

(3) 高强钢材强度 700 MPa。

(4) 所受剪力小于腹板抗剪承载力的 90%。

6. Ahti Laane 模型[136]

1) 通过有限元方法对普通组合梁的参数分析,提出的转动能力求解公式

$$
\theta_{av} = \begin{cases}
4 + \dfrac{3}{(\bar{\lambda}_p')^{4.3}} & (M_{ref} = M_p) & (5-28a) \\
\dfrac{15.75}{(\bar{\lambda}_p')^2} & (M_{ref} = 0.9M_p) & (5-28b)
\end{cases}
$$

式中

$$\bar{\lambda}_p' = \begin{cases} \dfrac{\alpha}{0.5} \dfrac{b_w}{t_w} \dfrac{1.05}{\sqrt{k}} \sqrt{\dfrac{f_y}{E}} & (\alpha \leqslant 0.5) \\[4mm] \dfrac{b_w}{t_w} \dfrac{1.05}{\sqrt{k}} \sqrt{\dfrac{f_y}{E}} & (\alpha > 0.5) \end{cases}$$

k 反映了加肋对截面转动能力的影响,取值从 23.88 到 110.8。

2)适用条件

(1)受压翼缘属于第一类截面。

(2)腹板属于纤细类型。

(3)所受剪力小于腹板抗剪承载力的 80%。

(4)腹板、翼缘分别占总钢梁截面面积百分比:

$$\begin{cases} A_{ft} \approx 20\% \sim 30\% A_a \\ A_w \approx 30\% \sim 40\% A_a \\ A_w \approx 30\% \sim 40\% A_a \end{cases}$$

7. 国内组合梁承受负弯矩时的延性研究

1)朱聘儒,高向东[46] 通过试验发现钢梁下翼缘的极限压应变为力比的函数

$$\varepsilon_{Bu} = \left(-1.153 - \frac{3.421}{R} \right) 10^{-3} \tag{5-29}$$

同时,通过以下公式,可以求得中支座处的塑性转角:

$$\phi_u = \frac{\varepsilon_u}{y_c} \tag{5-30}$$

$$[\theta_u] = (\phi_u - \phi_y) 2l_p \quad (支座两边转角和) \tag{5-31}$$

式中,ε_u 为钢梁下翼缘极限压应变;ϕ_u 为极限曲率;ϕ_y 为屈服曲率;y_c

为下翼缘至中和轴距离；l_p 为等效塑性铰长度文中塑性铰取值 $2h$（即 2 倍梁高）。

2）聂建国[72]在上面研究的基础上重新回归出钢梁下翼缘极限压应变与力比的关系

$$\varepsilon_{Bu} = \frac{3\,000 \times 10^{-6}}{R + 0.05} \tag{5-32}$$

并给出了支座一侧塑性铰的长度公式：$l_p = 1.75h$。

3）余志武[88]

推导了截面的极限曲率表达式(5-31)，支座塑性铰长度公式为 $l_p = 2h$，参数意义可参见文献[88]。

$$\varphi_u = \frac{f_{sy}}{E_s} \frac{1}{\xi_u h_0 - \eta h_w - h_f} \tag{5-33}$$

8. 各种模型讨论

Schilling、Wargsjö 采用腹板高厚比作为计算转动能力的参数，Axhag 以腹板受压部分高厚比为参数，均没有考虑翼缘宽厚比影响；Barth 模型以腹板高厚比和翼缘宽厚比为计算参数，但是纯钢梁和组合梁中钢梁上翼缘中约束的不同，且由于受拉钢筋对腹板受压部分的影响，其模型是否适合于组合梁负弯矩下的转动能力计算尚待研究。Ahti Laane 模型反映了配筋对截面转动能力的影响，也考虑了翼缘宽厚比对转动能力的影响。Chen 模型计算参数中综合考虑了腹板受压区高厚比和翼缘宽厚比影响。综上所述，国外计算延性时都是从截面的弯矩转角曲线上着手，先定义一个参考弯矩，然后求得截面弯矩下降到参考弯矩之前的转动能力，其特点是：所求得的转动能力反映了截面的力学性质，不受试验方法和截面外的其他因素影响，物理意义也明确。但都没有考虑预应力组合梁中预应力筋的配置对组合梁转动能力的影响。

　　国内表达转动能力的公式相对简洁,均是通过截面曲率乘以塑性铰长度求得。但存在如下一些问题:① 组合梁负弯矩区的力学性能受屈曲控制,如整体侧扭屈曲失稳、局部失稳或板件间的相关屈曲失稳等,其抗弯刚度随着板件屈曲波形的走向,抗弯刚度有很大的变化。然即使假设沿塑性铰长度方向不考虑稳定的影响,混凝土板开裂后钢梁的抗弯刚度相同,截面承受不同弯矩,曲率仍然会存在一定差异,取支座钢梁下翼缘某点的压屈应变为塑性铰长度的平均应变的做法值得探讨。② 塑性铰长度的取值,塑性铰受腹板屈曲影响,其长度大致为腹板局部屈曲一个半波长度,即 0.5 倍腹板高,与一些文献如本文 5.3 节所述选择的塑性铰长度差异较大。

　　施加预应力后,组合梁截面腹板受压区高度会增大,腹板受压部分高厚比也增加,腹板对下翼缘的约束刚度减小,腹板的过早局部屈曲失稳和翼缘局部失稳相互影响,可能使组合梁截面转动能力降低。综上所述,研究梁端截面转动能力,提出简便可靠且包含影响转动能力的主要因素的计算公式是必要的。

5.6　预应力组合梁转动能力的影响因素分析

　　采用有限元方法,对影响组合梁稳定系数的因素进行了计算分析。除特殊说明外,下述计算均取以下基准参数:梁长取 3 m,钢材钢筋屈服强度 345 MPa,预应力钢绞线屈服强度 1 680 MPa,张拉后应力 1 000 MPa,弹性模量 1.92×10^5;混凝土板厚 130 mm,宽 1 000 mm,混凝土强度为 C40;钢梁上下翼缘宽 250 mm,上翼缘厚 8 mm,下翼缘厚 25 mm;腹板高 600 mm,厚 16 mm。综合力比为 0.4,普通力比为 0.3。预应力采用直线布置,位置在上翼缘下表面 30 mm 处。

采用悬臂梁计算模型如图 5-1 所示,在悬臂梁距支座端一倍腹板高度处之下翼缘设置侧向支承,以避免梁侧扭整体失稳。钢梁初始几何缺陷按本文第 3 章中施加局部稳定时初始缺陷的大小和方式施加,此处不再赘述。

5.6.1　不同力比的影响

为研究力比对组合梁负弯矩下的转动能力影响,分析了 5 种预应力情况,计算曲线见图 5-8,图中横坐标为组合梁端塑性铰范围内的转动能力,单位为弧度(rad),计算公式见式(5-4),纵坐标为承载弯矩与用简化塑性计算承载力比值,图中虚线为用简化塑性计算方法所得承载力值,当转动能力曲线下降至图中虚线之前的转角值即为组合梁在负弯矩作用下的转动能力。图 5-8 显示:悬臂梁转动能力随着综合力比的增大而减小,综合力比为 0.4,转动能力为 0.014,综合力比为 0.6,转动能力减小至 0.006,当综合力比为 0.8 时,截面承载能力没有达到全截面塑性弯

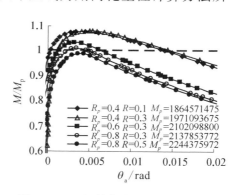

图 5-8　不同综合力比参数分析曲线

矩。在相同的综合力比下,塑性转动能力并没有因为预应力钢筋和普通钢筋的配筋率比例不同而出现明显差异,表明:预应力筋组合梁和普通组合梁可以归并为一个转动能力计算公式表述。

5.6.2　腹板高厚比影响

腹板高厚比对截面的承载能力和延性有较大的影响。对腹板厚为 16,腹板高分别为 500 和腹板高为 600 的两根梁进行了有限元分析,挠

度-承载力曲线计算结果见图 5-9。可以看出：随着腹板高厚比的减小，塑性转动能力显著增加，高厚比为 600/16 时，转动能力为 0.011，高厚比为 500/16 时，转动能力为 0.025。

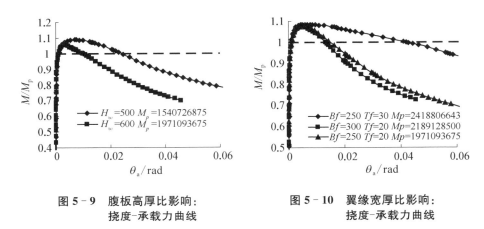

图 5-9　腹板高厚比影响：　　　图 5-10　翼缘宽厚比影响：
　　　　挠度-承载力曲线　　　　　　　　挠度-承载力曲线

5.6.3　翼缘宽厚比

外伸板件宽厚比为影响截面转动能力的主要因素。EC4 规范规定 Ⅱ、Ⅲ 类截面翼缘的宽厚比分界点 $10\sqrt{235/f_y}$，参数分析中 $f_y=345$，则分界点为 8.25。选择了翼缘宽厚比为 $250/30, 300/20, 250/20$ 三组梁，外伸板件宽厚比分别为 $3.9, 7.1, 5.85$，皆属于 Ⅰ、Ⅱ 类截面的组合梁进行计算。挠度-承载力曲线计算结果见图 5-10。外伸板件宽厚比增加，转动能力迅速减小，宽厚比为 3.9 时，转动能力为 0.043，宽厚比为 7.1 时，转动能力为 0.013。

5.6.4　梁跨高比和钢材型号的影响

计算了截面相同，悬臂长度不同的 4 根梁，挠度-承载力曲线计算结果见图 5-11。当跨高比增大，梁的极限承载能力有所降低，塑性转动能力也降低。当悬臂长度从 1 800 mm 增大到 2 400 mm 时，极限承载

能力和延性都显著下降,悬臂长度再从 2 400 mm 增大,梁的承载能力
和延性尽管有所下降,但不很明显。与混凝土梁不同,组合梁在负弯矩
作用下的力学性能受板件的稳定控制,根据稳定的能量原理,弯矩梯度
越小,则对梁各板件的屈曲承载力和屈曲后延性越不利,所以当梁跨高
比增大的时候,梁的延性会一定程度地减小。

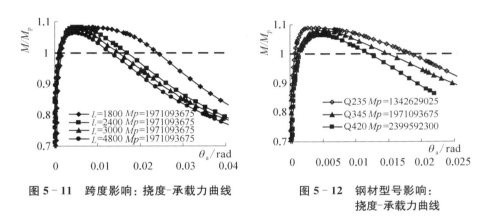

图 5‐11　跨度影响:挠度‐承载力曲线　　　图 5‐12　钢材型号影响:
　　　　　　　　　　　　　　　　　　　　　　　　　挠度‐承载力曲线

分析了三种截面钢材型号情况,分别为 Q235,Q345,Q490,计算结
果见图 5‐12。钢材型号的增加,梁的承载能力与简化塑性算法的比值
和转动能力都有所下降。

5.7　考虑局部屈曲因素组合梁负弯矩区截面转动能力计算公式

综上分析,影响预应力组合梁转动能力的主要因素为腹板高厚比、
跨度、钢梁受压翼缘宽厚比和力比。在前述有限元分析计算基础上,选
择了 27 根组合梁进行了有限元分析,悬臂梁长 3 m,综合力比参数分别
取 0.4,0.5,0.6 三种情况,腹板高厚比在 31～50 之间,翼缘宽厚比在

8.3和15之间,侧向支承于距支座处一倍腹板高度处钢梁下翼援处,其余参数同5.3节说明,参数变化基本涵盖实际工程各种预应力组合梁情况。表5-2为组合梁截面尺寸参数以及转动能力 θ_a 及 θ_a/θ_y 的计算结果。表中符号 b_f 代表翼缘宽度, t_f 代表下翼缘厚度, h_w 代表腹板高度, t_w 代表腹板厚度。

表5-2 组合梁截面及计算结果表

mm, kN·m

编号	b_f /mm	t_f /mm	h_w /mm	t_w /mm	R_p	M_p /(kN·m)	θ_a /(mrad)	Θ_a/θ_y
1	250	15	500	12	0.4	1 191	7.76	5.01
2	250	20	500	12	0.4	1 385	17.77	11.53
3	250	20	500	16	0.4	1 541	23.95	15.37
4	250	20	600	16	0.4	1 971	15.55	9.87
5	250	25	500	16	0.4	1 731	49.07	29.86
6	250	25	600	16	0.4	2 197	24.26	17.14
7	250	30	500	16	0.4	1 918	57.23	46
8	250	30	600	16	0.4	2 419	41.08	26.56
9	300	20	600	16	0.4	2 189	14.36	8.51
10	300	25	600	16	0.4	2 459	33.94	21.18
11	300	30	600	16	0.4	2 723	71.81	46.87
12	250	20	500	16	0.5	1 599	17.43	10.94
13	250	20	600	16	0.5	2 051	10.91	6.77
14	250	25	500	16	0.5	1 806	30.56	19.38
15	250	25	600	16	0.5	2 296	15.23	8.70
16	250	30	500	16	0.5	2 012	47.34	30.13
17	250	30	600	16	0.5	2 539	23.68	14.92
18	300	20	600	16	0.5	2 276	8.8	5.54
19	300	25	600	16	0.5	2 571	22.96	14.51

续　表

编号	b_f /mm	t_f /mm	h_w /mm	t_w /mm	R_p	M_p /(kN·m)	θ_a /(mrad)	Θ_a/θ_y
20	300	30	600	16	0.5	2 861	43.00	27.03
21	250	20	500	16	0.6	1 633	13.53	8.46
22	250	25	500	16	0.6	1 853	18.73	11.76
23	250	25	600	16	0.6	2 361	10.59	6.56
24	250	30	500	16	0.6	2 073	27.01	16.99
25	250	30	600	16	0.6	2 621	15.38	9.57
26	300	25	600	16	0.6	2 640	12.39	7.76
27	300	30	600	16	0.6	2 952	18.04	11.31

5.7.1　转动能力计算公式建立的原则

（1）EC4 考虑组合梁局部屈曲对承载力的影响，根据截面翼缘和腹板的高厚比将截面分为四类，其中Ⅰ，Ⅱ类组合梁为截面在屈曲前达到全截面屈服。截面分类方法经大量试验的证实，为研究人员和设计人员所认可。计算转动能力的参数应该纳入分类标准的因素。

（2）负弯矩区考虑局部屈曲的转动能力公式应该反映组合梁的特点，概念清楚、计算简单适用。

5.7.2　参数选择和公式回归

Schilling[132]，Axhag F.[135]，Ahti Laane[136] 选用腹板高厚比作为计算转动能力的主要参数；朱聘儒[46]、聂建国[72] 和余志武[88] 分别选用力比 R 或综合力比 R_p 为计算转动能力的主要参数。Chen[124] 选用的计算转动能力参数 λ 里包括受压区高厚比、翼缘的宽厚比、腹板面积和受压翼缘面积分别占钢梁总面积的百分比。上述研究都是选择普通组合梁作为研究对象。组合梁施加预应力后，截面腹板受压区高厚比会比普通组合梁的情况增加。

经过分析,I、II类截面组合梁的转动能力均与公式(5-34)高度相关:

$$\lambda_\theta = \frac{1\,000}{\left(1.5A - \dfrac{b_f - t_w}{2t_f}\right)\left(1.5B - \dfrac{\alpha h_w}{t_w}\right)} \qquad (5-34)$$

式中,λ_θ 为反映截面性质对转动能力影响的柔细比;A、B 分别为 II 类截面与 III 类截面的分界值即 $A = 10\varepsilon$,$B = \dfrac{456\varepsilon}{13\alpha - 1}$,$\varepsilon = \sqrt{235/f_y}$ 为考虑钢材屈服强度影响的参数;α 为腹板受压区高度与腹板高度之比,其余符号同前。

采用幂指数形式拟合见图 5-14(a),转动能力拟合公式为(5-35),相关系数 0.87。

$$u_\theta = 156\lambda_\theta^{-1.54} \qquad (5-35)$$

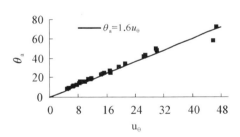

图 5-13 绝对转动能力和相对转动能力的关系

经对比分析,转动能力 θ_a 和无量纲化的 u_θ 所表达的转动能力之间有着简单的线性关系如图 5-13 所示。从图上可以看出,尽管参数分析中众参数有较大的变化范围,但 θ_a 和 u_θ 关系并没有因各参数的改变而有较大离散,θ_a 和 u_θ 可以用公式(5-36)表示。

$$\theta_a = 1.6u_\theta \qquad (5-36)$$

公式中 θ_a 的单位 mrad,u_θ 为无量纲化的转动能力参数。

将式(5-35)代入式(5-36)则得梁端非线性转动的绝对转角公式:

$$\theta_a = 250\lambda_\theta^{-1.54} \qquad (5-37)$$

将公式(5-37)与参数分析所得数值用图表示即如图 5-14(b)所示。

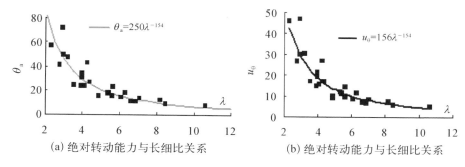

(a) 绝对转动能力与长细比关系　　　(b) 绝对转动能力与长细比关系

图 5-14　转动能力计算公式回归公式

从图 5-14 可以看出所选参数与计算数据相符度很好,同时回归公式与计算结果非常符合,可以用其计算组合梁的转动能力。

5.8　提高梁延性性能的措施

5.8.1　钢梁截面的高厚比限值

钢梁的屈曲和屈曲后强度,与组成钢梁的板件宽厚比有密切的关系。组合梁截面塑性发展程度,可分为:

(1) 截面出现塑性铰并具有充裕的转动能力,可实现结构的内力重分布。

(2) 梁截面出现塑性铰,但不求转动能力。

(3) 截面达到边缘屈服,即传统的弹性设计的梁。

(4) 翼缘宽度比比较大,由局部稳定控制设计。

加拿大早在 1978 年的国际单位值规范 S16.1-M78 中做了这种区分。翼缘悬伸部分的宽厚比按上述分档分别不得超过下列值:

(1) $145/\sqrt{f_y}$;

(2) $170/\sqrt{f_y}$;

（3）$260/\sqrt{f_{y}}$。

其中屈服点 f_{y} 以 N/mm² 计。对 Q235 钢,上述限值分别是 9.5、11 和 17。GB 50017—2003 规范规定,第一档取 9,第二、三档分别取 13 和 15。第二档适合于考虑部分塑性的情况,而不是截面全塑性的情况,因此比 11 要求大。同样腹板的宽厚比也是影响板件屈曲和屈曲后强度的主要因素。

塑性设计时为保证塑性应变充分发展和塑性铰具有足够的转动能力,现有各国规范对钢梁板件的宽厚比都进行了限制。一般情况下,当钢梁符合塑性设计的宽厚比限制时,均能满足局部稳定的要求。我国 GB 50017—2003[66] 中采用塑性设计方法的组合梁截面,相当于 EC4 的第 Ⅰ 类截面;当考虑截面的部分塑性发展时,则相当于介于 EC4 的第 Ⅱ 类截面和第 Ⅲ 类之间;如果取截面的塑性发展系数 $\gamma=1$,则和 EC4 的第 Ⅲ 类截面相当。各规范对塑性设计宽厚比的限值如表 5-3 所示:

表 5-3 各规范塑性设计截面宽厚比限制

规范名称	组 别	翼缘	腹 板	
钢结构设计规范 GB 50017—2003[66]	受弯构件	$\leqslant 15\varepsilon$	$\leqslant 80\varepsilon$	
	压弯构件	$\leqslant 15\varepsilon$	$\dfrac{h_0}{t_w}\leqslant(16\alpha+0.5\lambda+25)\varepsilon$	$0\leqslant\alpha\leqslant1.6$
			$\dfrac{h_0}{t_w}\leqslant(48\alpha+0.5\lambda-26.2)\varepsilon$	$1.6\leqslant\alpha\leqslant2$
	塑性设计	$\leqslant 9\varepsilon$	$\dfrac{h_w}{t_w}\leqslant\left(72-100\dfrac{N}{Af}\right)\varepsilon$	$\dfrac{N}{Af}<0.37$
			$\dfrac{h_w}{t_w}\leqslant 35\varepsilon$	$\dfrac{N}{Af}\geqslant0.37$
电力组合规程 DL/T5085—1999[138]	全截面塑性	$\leqslant 9\varepsilon$	$\dfrac{h_w}{t_w}\leqslant\left(72-100\dfrac{N}{Af}\right)\varepsilon$	$R<0.37$
			$\dfrac{h_w}{t_w}\leqslant 35\varepsilon$	$R\geqslant0.37$

续　表

规范名称	组　别	翼缘	腹　　板	
EC4 [14]	Ⅰ类截面	$\leqslant 9\varepsilon$	$\begin{cases} \dfrac{c}{t_w} \leqslant \dfrac{396\varepsilon}{13\alpha-1} & \alpha>0.5 \\[2mm] \dfrac{c}{t_w} \leqslant \dfrac{36\varepsilon}{\alpha} & \alpha\leqslant0.5 \end{cases}$	
	Ⅱ类截面	$\leqslant 10\varepsilon$	$\begin{cases} \dfrac{c}{t_w} \leqslant \dfrac{456\varepsilon}{13\alpha-1} & \alpha>0.5 \\[2mm] \dfrac{c}{t_w} \leqslant \dfrac{41.5\varepsilon}{\alpha} & \alpha\leqslant0.5 \end{cases}$	
LRFD99 [140]	密实截面	$\leqslant 11.1\varepsilon$	$\begin{cases} \dfrac{h_w}{t_w} \leqslant 109.7\left(1-\dfrac{2.75P_u}{\phi_b P_y}\right)\varepsilon & \dfrac{P_u}{\phi_b P_y}\leqslant0.125 \\[2mm] \dfrac{h_w}{t_w} \leqslant 32.7\left(2.33-\dfrac{P_u}{\phi_b P_y}\right)\varepsilon & \dfrac{P_u}{\phi_b P_y}>0.125 \end{cases}$	
AASHTO [87]	密实截面	$\leqslant 11.1\varepsilon$	$\dfrac{h_w}{t_w} \leqslant \dfrac{56.2\varepsilon}{\alpha}$	

注：$\varepsilon=\sqrt{235/f_y}$，$\alpha$ 为钢梁腹板受压区所占的比例，N 为轴力，λ 为长细比，R 为力比，$\phi_b=0.9$ 为抗力分项系数。

表 5-3 显示，国内规范较国外规范的宽厚比限值均要严格。欧洲规范 4[14] 的腹板临界高厚比其他规范更为合理。此外，腹板受压区高度受混凝土板内纵向配筋率影响，腹板的受压区高度越大，其极限转动能力即极限曲率越小。

5.8.2　纵向加劲肋的设置

下述措施可以增加截面屈曲后力学性能：① 增加板厚；② 减小板两约束边间距离。增加板厚是一种提高截面延性的方法，但其弊端不容忽视：当板厚度增大到一定程度时，其可加工性，抗层状撕裂能力，强度等都可能下降，而且经济性变差。对于支座负弯矩区的腹板和下翼缘而言，设置纵、横向加劲肋可有效地减小腹板约束间距。

　　一般而言,翼缘板两肋之间距离和板肋刚度的取值原则一般为使得截面在整体失稳前或整体达塑性之前不致出现局部屈曲。这种设置方式能有效的增大截面的屈曲荷载和有效的改善屈曲后的力学性能,形式也比较多样,可采用如图 5 - 15 所示的多种形式。其中前三种属于开口加劲肋,用于翼缘板仅承受板面荷载的情况,后几种属于闭口加劲肋,施工较复杂多用于板面上有横向荷载(轮压)的情况。

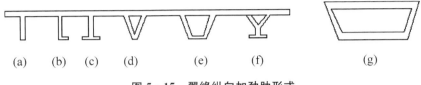

(a)　　　(b)　(c)　　(d)　　　　(e)　　　　(f)　　　　　　(g)

图 5 - 15　翼缘纵向加劲肋形式

　　板设置纵向加劲肋力学模型如图 5 - 16(a)所示。纵向加劲肋一般排列较密,可以按正交异性板进行分析,认为板的两纵边支于横隔,分析时可以采用大挠度理论并计入几何缺陷和残余应力的影响,以板幅纵向平均应力达到屈服作为承载能力的极限状态,以纵向平均应力和纵向位移为目标函数用各种解析的方法求解。显然,这样的分析比较全面,假定较少,但未知量多,计算复杂,求解困难,故而很少用于实际计算。

　　实际计算中多将上述板模型做如下简化。带肋翼缘板作为正交异性板幅,两个方向的刚度相差悬殊。横向刚度远远低于纵向。因此,板幅受压屈曲后横向的薄膜拉力作用很弱,变形如图 5 - 16(b)所示,大部

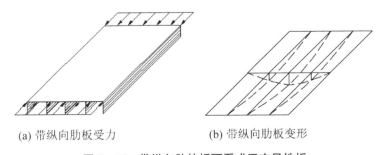

(a) 带纵向肋板受力　　　　　(b) 带纵向肋板变形

图 5 - 16　带纵向肋的板可看成正交异性板

分是柱面。因此,可以忽略横向拉力场的影响,把板幅看成一组互不相干的并列压杆来进行分析。

高轩能[138]对工字钢梁在纯弯作用下的弹塑性屈曲承载能力进行了理论计算和试验研究,对比发现工字钢梁在设置腹板纵向加劲肋后能有效地提高腹板的屈曲承载力。并做了两根梁的对比试验,一根设置腹板纵向加劲肋,一根不设置纵向加劲肋,其余设计各参数均相同,试验结果曲线如图 5-17 所示。

图 5-17 显示,设置纵向加劲肋的梁无论开始屈曲时的承载力,极限承载力或梁截面的变形能力都大大优于无纵向加劲肋梁。

GB 50017—2003 对腹板纵向加劲肋的设置条件、位置和刚度做

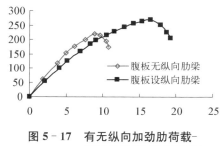

图 5-17　有无纵向加劲肋荷载-挠度曲线(高轩能试验)

了规定:当腹板高厚比 $h_w/t_w \geqslant 170\sqrt{235/f_y}$ 时,应在受压区配置纵向加劲肋;纵向加劲肋至腹板计算高度受压边缘的距离应在 $h_c/2.5 \sim h_c/2$ 范围内;纵向加劲肋的截面惯性矩应符合(5-38)的要求:

$$\begin{cases} I_y \geqslant 1.5 h_w t_w^3 & a/h_w \leqslant 0.85 \\ I_y \geqslant \left(2.5 - 0.45 \dfrac{a}{h_w}\right)\left(\dfrac{a}{h_w}\right)^2 h_w t_w^3 & a/h_w > 0.85 \end{cases} \tag{5-38}$$

但上述规定多从截面强度的角度考虑,至于配置纵向加劲肋对板件屈曲后性能的定量影响,尚待进一步的研究。

5.9　本 章 小 结

讨论了三边简支一边自由板的屈曲临界应力大小的影响因素,主要

因素为组成截面板件的宽厚比。针对国内外组合梁塑性铰长度应用比较混乱且缺乏系统分析的现实,用有限元方法详细分析了可能影响组合梁在负弯矩作用下塑性铰区长度的影响因素,给出了塑性铰区长度值,塑性铰长度可用 0.5 倍腹板高度表征。

分析了国内外文献中的普通组合梁在负弯矩作用下的延性计算参数、公式及适用条件并在此基础上对影响转动能力的跨高比、支承距离中支座的距离、综合力比以及截面宽厚比等各参数用有限元方法进行了参数分析,针对预应力组合梁提出了转动能力计算参数及计算公式,分析表明所提出的计算参数与转动能力的相关度较高,计算结果与模拟结果较吻合。讨论了提高截面转动能力的措施,对板件宽厚比和纵向加劲肋的设置及计算方法进行了阐述。

第6章

预应力连续组合梁弯矩重分布及承载力

6.1 概　　述

连续组合梁进入塑性阶段后，由于负弯矩区混凝土开裂、板件屈曲等非线性因素的发展，很难精确地确定其内力分布。自 1920 年德国钢筋混凝土学会的一篇报告首先指出了钢筋混凝土连续梁的塑性内力重分布现象以来，各国开展了大量的试验研究，并提出了塑性铰法、变刚度法、全过程分析法、弯矩调幅法等几种关于连续梁塑性内力重分布的计算方法。目前，各国在制定规范时大多采用弯矩调幅法来考虑连续梁内力重分布的影响，即在弹性分析的结果上，对控制截面（如跨中或中间支座位置）的弯矩计算值进行调幅，以此作为结构的计算内力。然而在弯矩调幅法中，如何准确、合理地确定弯矩调幅系数是关键所在。组合梁在负弯矩作用下的承载能力远远低于正弯矩区的承载能力，如用一般的调幅系数值对连续组合梁调幅会造成留在负弯矩区的弯矩过高而不得不对负弯矩采取额外不经济的加强措施或负弯矩区承载能力根本达不到设计要求，而组合梁在正弯矩作用下优异的力学性能得不到有效利用。对钢-混凝土组合连续梁施加预应力，其受力比普通连续梁复杂，国内外的研究较少,预应力连续组合梁内力重分布的研究更是鲜见报端。本章拟在总结国内外混凝土连续梁弯矩调幅系数规定的基础上,对组合梁和预应力连续组合梁的内力重分布问题开展进一步的研究。

6.2 国内外的设计规范规定

对于连续梁内力重分布的考虑,各国的规范及有关主要的文献都是通过支座负弯矩和跨中正弯矩的调幅来实现的。现将国外规范对预应力超静定结构弯矩调幅设计规定介绍如下。

1)美国规范 ACI318-05[140]

美国规范(ACI318-05)第 18.10.4 条中规定,超静定预应力混凝土结构按塑性方法设计可用式(6-1)计算:

$$M = (1-\beta)(M_{\text{load}} + M_{\text{sec}}) \tag{6-1}$$

式中,M 为支座控制截面弯矩设计值;M_{load} 为支座控制截面处由直接荷载(恒载和活载)按弹性分析求得的弯矩设计值;M_{sec} 为支座控制截面处由张拉预应力筋引起的次弯矩,当次弯矩 M_{sec} 与荷载弯矩 M_{load} 的方向相反时,应取负值;β 为弯矩调幅系数,β 的取值为

$$\beta \leqslant 0.2\left[1 - \frac{\bar{\omega}_{\text{p}} + \dfrac{d}{d_{\text{p}}}(\omega - \bar{\omega}')}{0.36\beta_1}\right] \tag{6-2}$$

通过换算,式(6-2)可采用习惯使用的支座弯矩调幅系数来表示:

$$\beta \leqslant 0.2(1 - 2.36x/h_0) \tag{6-3}$$

式中,x_{n} 为截面中和轴高度,h_0 为截面的有效高度(下同);当 $x_{\text{n}}/h_0 \leqslant 0.282$ 时,才允许对支座负弯矩进行调幅设计。

2）欧洲 CEB‐FIP 模式规范 MC90[141]

欧洲 CEB‐FIP 模式规范 MC90 规定,考虑内力重分布的设计方法是将承受最大负弯矩截面的弯矩内力乘以折减系数$(1-\beta)$。最大弯矩应包括次弯矩在内。

对 A 级钢筋(适用于后张法构件),当混凝土强度等级在 C15～C45 之间,且 $x_n/h_0 \leqslant 0.45$ 时,弯矩调幅系数为

$$\beta \leqslant 0.56 - 1.25 x_n/h_0 \leqslant 0.25 \tag{6-4}$$

当混凝土强度等级在 C50～C70 之间,且 $x_n/h_0 \leqslant 0.35$ 时,弯矩调幅系数为

$$\beta \leqslant 0.44 - 1.25 x_n/h_0 \leqslant 0.25 \tag{6-5}$$

对 B 级钢筋(适用于先张法构件),当混凝土强度等级在 C15～C70 之间,且 $x_n/h_0 \leqslant 0.25$ 时,弯矩调幅调数为

$$\beta \leqslant 0.25 - 1.25 x_n/h_0 \leqslant 0.1 \tag{6-6}$$

3）英国规范 BS8100—1989[142]

英国规范 BS8100—1989 第 4.2.3 条规定,在承载能力极限状态下,可对采用弹性分析法得出的弯矩设计值 M_{load} 进行内力重分布,应符合下列条件:

(1) 在设计极限荷载的每一适应组合下,在内力和外荷载之间应维持平衡;

(2) 在负弯矩和正弯矩的每一区段内,对弹性最大弯矩的调幅系数不宜超过 20%(对某些 4 层以上的有侧移框架,最大设计弯矩的调幅不宜超过 10%);

(3) 当某截面上设计弯矩按以上第(2)点所述调幅时,应验算条件 $\beta \leqslant 0.5 - x_n/h_0$ 是否满足。

该规范还认为,应在正常使用极限状态下按截面受拉边为零应力

（一级）或无可见裂缝的弯曲拉应力（二级）进行控制时，不考虑弯矩重分布。

4）澳大利亚规范 AS3600—2001[143]

澳大利亚规范 AS3600—2001 用于计算预应力连续承载能力的弯矩设计值公式与式（6-1）相同，即调幅设计时应对外荷载弯矩和次弯矩之和（$M_{load} + M_{sec}$）进行调幅。

支座弯矩调幅系数 β 随支座截面延性的提高可在 0～0.3 之间变化。具体规定为：$x_n/h_0 \leqslant 0.2$ 时，弯矩调幅不超过 30%，当 $0.2 \leqslant x_n/h_0 \leqslant 0.4$ 时，弯矩调幅系数不超过 $75(0.4 - x_n/h)_0$%，当 $x_n/h_0 \geqslant 0.4$ 时，不允许对截面进行调幅。显然，该规范的规定与美国规范ACI318-05 类似。

我国混凝土结构规范[144]对存在次弯矩的后张预应力超静定结构也做了规定：

$$M_u \leqslant (1 - \beta)M_d + \alpha M_2 \tag{6-7}$$

上面列出了各国规范考察预应力混凝土超静定梁内力重分布时支座弯矩调幅的不同规定。综上所述各种方法可以看到，弯矩调幅系数的规定中，研究者和设计人员关心的主要集中于 3 点：① 一定的延性指标（混凝土梁的延性指标主要体现在受压区与有效梁高的比值）所对应的调幅系数大小；② 如何考虑满足正常使用极限状态的要求；③ 如何考虑次弯矩的影响。

6.3　组合梁在一定转动能力下所对应调幅能力

就中国规范[66]中所要求的组合梁塑性截面而言，典型的连续组合梁负弯矩区转角-承载力曲线如图 6-1 所示。其中 A 点表示混凝土的开裂,实际上由于混凝土本身带裂缝工作且混凝土刚度只占组合梁刚度的一部分,混凝土开裂前和开裂后不会出现较大的刚度突变,为简便计在开裂前后用同样的开裂刚度表示负弯矩区的刚度。B 点为负弯矩达到全截面塑性,此时,构件显现出明显的内力重分布。构件的裂缝逐渐增大。C 点时裂缝达到规范限制,处于正常使用极限状态。当连续组合梁继续加载时,负弯矩区裂缝超过正常使用极限,负弯矩区转动进一步加大直到 D 点,此时达到转动能力极限。继续加载时,负弯矩区承载能力迅速下降,但由于组合梁的固有特点,正弯矩区承载能力远远高于负弯矩区承载能力,就整根梁承载能力而言,此时有可能仍在上升,直到 E 点,正弯矩区混凝土压碎,达到整根梁的强度极限状态。混凝土规范[144]规定,按考虑塑性内力重分布的分析方法设计的结构和构件,尚应满足正常使用极限状态的要求。聂建国[151]的研究表明,跨高比≤13的组合梁,不是挠度变形指标而是裂缝宽度指标在控制设计。为此本文分别对负弯矩区达到正常使用荷载的 C 点、转动能力的 D 点、整根梁极限状态的 E 点,分别导得三种调幅系数。通过对三种状态调幅系数的对比讨论,给出了设计调幅建议。结论对规范的修订和结构的优化设计有参考价值。

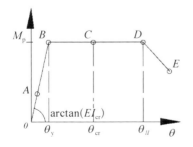

图 6-1　负弯矩区转角-承载力曲线图

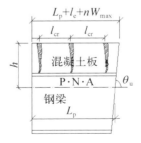

图 6-2　塑性铰长度开裂转动示意图

为推导正常使用极限状态下的调幅系数,先定义正常使用极限状态下的正常使用延性。若假定,梁段的非线性转角主要集中于塑性铰处;塑性铰处的非线性转角主要集中在裂缝处。则裂缝达到正常使用阶段时的转角如图 6-2 所示。其中 L_p 表示塑性铰长度,根据本文第 5 章所述,长度约等于腹板高度的一半;l_e 表示两条裂缝间混凝土的弹性变形;L_{cr} 为两条相邻裂缝之间距离;h 为开裂截面弹性中和轴距混凝土板顶部距离;n 为塑性铰长度范围内的裂缝条数;W_{max} 为单条裂缝的最大宽度。

其中裂缝间距可表达[152]:

$$l_{cr} = \left[1.9c + \frac{0.08}{\rho_{te}/d + 0.04R_p^2/p}\right] \quad (6-8)$$

则塑性铰长度上裂缝总宽度:

$$nw_{max} = \left[\frac{h_w}{2l_{cr}} + 1\right]w_{max} \quad (6-9)$$

则塑性铰处在达到正常使用状态裂缝限值时的非线性转角可求得:

$$\theta_y = \frac{l_e}{h} = \frac{M_p'}{EI_{cr}} \quad (6-10a)$$

$$\theta_a = \theta_{cr} - \theta_y = \frac{\left[\frac{h_w}{2l_{cr}} + 1\right]w_{max}}{h} \quad (6-10b)$$

则可仿第 4 章延性系数定义,可定义负弯矩区裂缝达到正常使用极限状态时的延性系数为:

$$\mu_{cr} = \frac{\theta_{cr} - \theta_y}{\theta_y} \quad (6-10c)$$

6.3.1 普通组合梁

超静定梁内力重分布是结构受力非线性的表现,其内力重分布程度取决于截面的延性。当截面具有足够的延性,极限状态下形成的塑性铰能够提供内力重分布所需要的非线性转动时,梁可实现完全的内力重分布。

一般情况下,连续梁设计时要求在内中支座处先形成负弯矩塑性铰,此时跨中正弯矩区截面的承载力尚未完全发挥。因此可以假设塑性铰集中在内支座附近,塑性铰长度为 l_p,梁其余部分仍处于弹性阶段。混凝土翼板开裂后,组合梁负弯矩区截面抗弯刚度会明显低于跨中截面的抗弯刚度,可以按变截面梁进行结构内力分析,负弯矩区段与跨中正弯矩区段分别取不同的抗弯刚度。

图 6 - 3(a) 为一多跨连续组合梁。受荷载以后,截面在负弯矩区混凝土开裂,梁的变截面刚度分布如 6 - 3(b)所示。根据截面开裂位置,大致为两种情况,第一种情况如图 6 - 3(c)所示,截面只在一端开裂,相当于两跨连续梁或者多跨连续梁的边跨;第二种情况如图 6 - 3(d)所示,截面两端开裂,相当于多跨连续梁内跨。下面先讨论连续组合梁边跨的弯矩调幅的延性要求。

连续梁边跨的分析模型和梁端转角变形见图 6 - 3(c)(e)。为求得极限荷载下内支座处的塑性转角,采用无摩擦铰代替塑性铰,塑性铰位置的极限弯矩用一外力偶来等效,如图 6 - 1 所示,其中 θ_y、θ_u 意义如第 4 章中定义分别为塑性铰长度上的屈服转角和极限转角。并设 η 为组合梁负弯矩段(混凝土开裂截面)的长度与梁跨之比,见图 6 -3(b)。

考虑到塑性铰首先在中支座出现,并假设中支座处的极限弯矩为 M'_p。考虑到跨中形成塑性铰时结构已变成机构破坏,则研究的组合梁内力重分布过程为从梁施加荷载开始,以正弯矩区达到屈服转角之时结束。可以认为,设负弯矩混凝土开裂后,组合梁负弯矩区是按混凝土退出工作的方式按线弹性工作的,而正弯矩区为线弹性的,则可以运用卡氏第二定律对组合梁在达到一定荷载之时所引发的梁端转角进行求解。

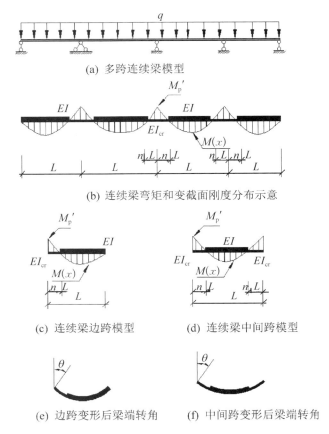

(a) 多跨连续梁模型

(b) 连续梁弯矩和变截面刚度分布示意

(c) 连续梁边跨模型　　(d) 连续梁中间跨模型

(e) 边跨变形后梁端转角　　(f) 中间跨变形后梁端转角

图 6-3　极限状态下承受均布荷载的等跨连续组合梁

极限状态下连续梁中任意一点的弯矩为：

$$M(x) = M_0(x) + M_1 X_1$$

式中，$M_0(x)$ 为外荷载作用下连续梁在中支座处不受转动约束时任意一点处的弯矩；X_1 为当 $M_1 = 1$ 时任意一点处的弯矩。

另设

$$\alpha = \frac{EI}{EI_{cr}}$$

式中，EI 为组合梁混凝土未开裂段的抗弯刚度，EI_{cr} 为组合梁在负弯矩作用下混凝土开裂退出工作时的抗弯刚度。

　　由于结构为线弹性结构，杆内的应变能 U 在数值上等于余能，存储于梁中的弹性应变为[145-146]：

$$U = \int_0^{\eta L} \frac{\alpha M(x)^2}{2EI} \mathrm{d}x + \int_{\eta L}^L \frac{M(x)^2}{2EI} \mathrm{d}x \qquad (6-11)$$

式中，$\mathrm{d}x$ 是构件的单元长度，积分沿梁的全长进行。当极限荷载作用于连续梁上时，支座处塑性铰的极限弯矩 $M_1 = M_p'$，则支座处计算出的转角就是连续梁中支座处塑性铰所需的转角。由此计算出该转角为：

$$\theta = -\frac{\mathrm{d}U}{\mathrm{d}M_p'} \qquad (6-12)$$

将式(6-11)代入式(6-12)可得：

$$\theta = -\left[\int_0^{\eta L} \frac{\alpha X_1 M_0(x)}{EI} \mathrm{d}x + \int_0^{\eta L} \frac{\alpha X_1^2}{EI} \mathrm{d}x + \right.$$

$$\left. \int_{\eta L}^L \frac{X_1 M_0(x)}{EI} \mathrm{d}x + \int_{\eta L}^L \frac{X_1^2}{EI} \mathrm{d}x \right] \qquad (6-13a)$$

设 $M_0(x)$ 为均布荷载所产生的弯矩曲线，则将式(6-10)积分可得：

$$\theta = \frac{L(M_e - M_p')}{3EI} \left[(1-\eta)^3 + \alpha\eta(1-\eta)(2-\eta) + \alpha\eta \right]$$

$$(6-13b)$$

式中，$\theta = \theta_u - \theta_y$，式中，$M_e = \dfrac{1}{8}qL^2$，为均布荷载 q 作用下按弹性算法所计算得弹性弯矩。

　　若定义弯矩调幅系数为

$$\beta = \frac{\Delta M}{M_\mathrm{p}' + \Delta M} \qquad (6-14\mathrm{a})$$

$$\Delta M = \frac{\beta}{1-\beta} M_\mathrm{u} \qquad (6-14\mathrm{b})$$

另外设：

$$\theta_\mathrm{y} = \frac{\alpha M_\mathrm{u}}{EI} l_\mathrm{p} \qquad (6-15\mathrm{a})$$

得
$$M_\mathrm{u} = \frac{\theta_\mathrm{y} EI}{\alpha l_\mathrm{p}} \qquad (6-15\mathrm{b})$$

将式(6-14b)，式(6-15b)，式(6-10c)代入式(6-13b)即可得当负弯矩区区裂缝达到正常使用极限状态时的调幅系数与延性系数之间的关系式为：

$$\beta = \left[1 + \frac{1}{3u_\mathrm{cr}\alpha} \frac{L}{h_\mathrm{w}} \frac{h_\mathrm{w}}{l_\mathrm{p}} \left[(1-\eta)^3 + \alpha\eta(1-\eta)(2-\eta) + \alpha\eta \right] \right]^{-1}$$

$$(6-16)$$

同理可推得当负弯矩区截面达到图(6-1)中 D 点时的调幅系数与延性系数之间的关系式为：

$$\beta = \left[1 + \frac{1}{3u_\theta\alpha} \frac{L}{h_\mathrm{w}} \frac{h_\mathrm{w}}{l_p} \left[(1-\eta)^3 + \alpha\eta(1-\eta)(2-\eta) + \alpha\eta \right] \right]^{-1}$$

$$(6-17)$$

将上一章中的求截面柔细比的公式 $u_\theta = 155.8\lambda_\theta^{-1.54}$ 代入式(6-17)即得截面柔细比与调幅系数的关系式：

$$\beta = \left[1 + \frac{\lambda_\theta^{1.54}}{468\alpha} \frac{L}{h_\mathrm{w}} \frac{h_\mathrm{w}}{l_\mathrm{p}} \left[(1-\eta)^3 + \alpha\eta(1-\eta)(2-\eta) + \alpha\eta \right] \right]^{-1}$$

$$(6-18)$$

实际工程中,常遇到多跨连续梁中间跨的情况,如图 6 - 2(d)(f)所示,采用上面方法推导可以得到类似式(6 - 16)、式(6 - 17)、式(6 - 18)的关系式:

$$u_\theta = \frac{\theta_{\mathrm{u}} - \theta_{\mathrm{y}}}{\theta_{\mathrm{y}}} = \frac{1}{2\alpha} \frac{L}{h_{\mathrm{w}}} \frac{h_{\mathrm{w}}}{l_{\mathrm{p}}} [2\alpha\eta - 2\eta + 1] \frac{\beta}{1-\beta} \quad (6 - 19)$$

$$\beta = \left(1 + \frac{1}{2u_\theta \alpha} \frac{L}{h_{\mathrm{w}}} \frac{h_{\mathrm{w}}}{l_{\mathrm{p}}} [2\alpha\eta - 2\eta + 1] \right)^{-1} \quad (6 - 20)$$

$$\beta = \left(1 + \frac{\lambda_\theta^{1.54}}{311.6\alpha} \frac{L}{h_{\mathrm{w}}} \frac{h_{\mathrm{w}}}{l_{\mathrm{p}}} [2\alpha\eta - 2\eta + 1] \right)^{-1} \quad (6 - 21)$$

式(6 - 19)—式(6 - 21)分别为一定调幅系数下负弯矩区截面的延性需求公式、一定延性下的截面调幅能力和一定柔细比下的截面调幅能力公式。公式与(6 - 16)—式(6 - 18)相对,适用于梁位于多跨连续梁非边跨如 6 - 2(d)、(f)的情况。

6.3.2 预应力组合梁

预加力产生的次力矩是预应力超静定结构的特有问题。预加力在超静定梁中产生的次力矩与结构刚度及约束有关。预应力钢-混凝土连续组合梁在负弯矩区混凝土开裂后,截面抗弯刚度发生了变化,预加力引起的次力矩也随之发生变化。在极限状态,当连续梁出现足够的塑性铰可等效为静定梁时,预加力的次力矩消失。连续梁内力重分重分布的必要条件是塑性铰截面有足够的延性。在预应力连续组合梁中,施加预应力会增加腹板的受压区高度,增大了截面局部屈曲的风险,使截面的转动能力降低。预应力连续组合梁弯矩调幅的延性要求与普通连续组合梁弯矩调幅的延性要求存在明显差异。其中预应力连续梁中初始次弯矩的影响则是导致该结果的主要原因之一,而次弯矩的大小和分布形式与结构形式、预应力筋布置以及有效预应力大小等一系列因素有关。以两跨连续梁为例,设预应力布筋形式为直线布筋图 6-4(a),次弯矩分布图如图 6-4(d)所示。其中 M_s 为中间支座截面的初始次弯矩的绝对值,假设中支座处的极限弯矩大小仍为 M_u。考虑塑性铰先在中支座位置出现,为了求得中支座截面达到极限弯矩时的塑性转角,塑性铰可用作用于铰处的外力偶 $M_u + M_s$ 来等效。设预应力产生的支座次弯矩与极限弯矩的比例为 ξ,同 6.3.1 同样方式,可以推导出预应力连续组合梁调幅系数与延性需求的关系为:

$$u_\theta = \frac{\theta_u - \theta_y}{\theta_y}$$

$$= \frac{2}{3\alpha} \frac{L}{h_w} \frac{h_w}{l_p} \left[(1-\eta)^3 + \alpha\eta(1-\eta)(2-\eta) + \alpha\eta \right] \frac{\beta - \xi}{1 - \beta + \xi}$$

$$(6-22)$$

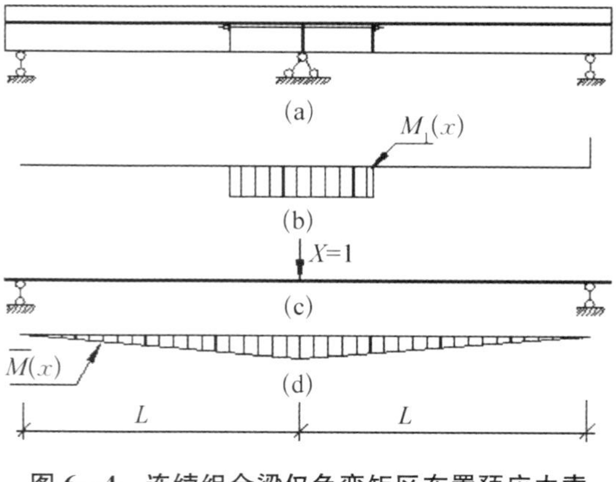

图 6-4 连续组合梁仅负弯矩区布置预应力索

对于体外无粘结预应力组合梁而言,预应力索不外乎三种布筋模式:① 仅负弯矩区布置预应力筋;② 正负弯矩区均布置预应力索,采用折线布筋;③ 正弯矩区布筋而负弯矩区不布置。第三类预应力筋布置方案为仅正弯矩区布置,内力重分布性质由于负弯矩区没有预应力的加入,符合普通组合梁的弯矩调幅适用条件,不拟讨论。

第一类预应力筋布置方案组合梁见如图 6 - 4(a)所示,为增大对混凝土的预压力,预应力筋布置在塑性中和轴上部,由于组合梁截面的几何构造限制,却只能布置钢梁上翼缘下侧。这样,虽然预应力产生的主弯矩为混凝土受压,钢梁受拉,然而由于预应力索比较靠近中和轴,所以产生的负弯矩不大,根据图 6 - 4(b)～(d)所求得次弯矩尽管和外荷载同号,ξ 为负,比较不利但因其值较小,常可忽略不计。

第二类预应力筋布置方案由于采用折线布筋,在正弯矩部分,预应力索往往离中和轴较远而主弯矩较大,负弯矩区离塑性中和轴较近且负弯矩区布索长度较短,所产生次弯矩往往和外荷载引起弯矩方向相反,由图 6 - 5(b)～(d)所求 ξ 值不一定小,但符号为正,属于对调幅有利。

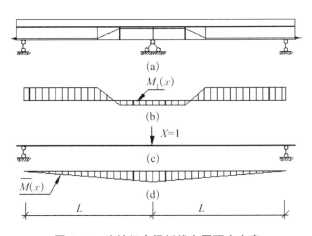

图 6 - 5　连续组合梁折线布置预应力索

综上所述,预应力筋布置形式不会直接影响截面的延性,但不同的布筋形式,所产生不同大小的次反力,适当的布筋形式有利于减小超静定结构的在一定内力重分布条件下的塑性铰区的延性需求。根据体外预应力组合梁常见布筋模式中的次弯矩对延性需求的影响分析,从式(6 - 20)中可以看出,显然预应力组合连续梁的预应力筋产生的次弯矩对弯矩调幅系数有利。下边的推导为简便计,偏保守的假定支座次弯矩为 0,而和普通组合梁归并为同样的计算公式,次计算公式计算体外无粘结预应力组合梁的延性需求不会带来不安全的结果。

对连续梁边跨一定调幅系数的转动需求公式(6-16)及连续梁中间跨一定调幅系数的转动需求公式(6-19)中数据,L/h_w 受到结构净高和整根梁刚度限制常取值 20～30。如假定跨高比(纯钢梁,不及混凝土板)取 25,α 反映了截面的几何性质,可近似取 2;h_s/l_p 的值对于组合梁而言受其他因素影响较小,根据上一章所讨论可取 2;η 受梁受力性能的印象在 0～0.3 之间,对于承受均布荷载的连续梁大致在 0.25 左右。即可看出 λ 与 β 关系曲线如图 6-6 所示,图中横坐标表示能反映截面转动能力的柔细比,纵坐标反映一定柔细比条件下组合梁所能提供的调幅能力。将图

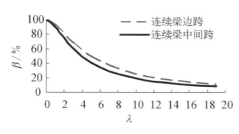

图 6-6 连续梁调幅系数大小-延性需求曲线

6-6 中中跨调幅系数分别为 40%,30%,20%,15% 时对应的柔细比表达为表格,即为表格 6-1。

从图 6-6 和表 6-1 所示可以看出支座在结构中所处的位置,对极限调幅比例也有一定的影响。连续梁中间跨相同转动能力下的调幅能力要比边跨低,相差低的值随着转动能力的不同稍有不同,在同样的构造条件或者相对转动能力下,当柔细比在 2.5 时达到最大值;即边中间跨调幅能力在相同转动能力下比边跨低约 8.8%。

表 6-1 长细比与能提供调幅系数的关系

长细比 λ_θ		5.1	6.7	9.7	12.1
调幅系数	边跨	48%	38%	26%	20%
	中跨	40%	30%	20%	15%

为保证设计过程的统一和方便,用连续梁中间跨柔细比和调幅系数的关系式(6-16)来控制连续梁的调幅值是比较合理的。我国规范规范中规定的塑性设计截面,大致相当于欧洲规范的第一类截面,用本文定义长细比大致在 5.1 以下,EC4[14]建议调幅系数可以达到 40%,然而我国规范规定采用弹性分析时,建议弯矩调幅系数分别不宜超过 15%[66]和 25%[67]。显然,即使按延性所能提供的调幅系数而言,我国规范规定的调幅系数是偏于保守的。

6.4　按正负弯矩区承载能力决定的调幅系数及其确定方法

以上将负弯矩区转动-承载力曲线上 D 点用于确定调幅系数控制点的推导思路为目前文献中流行的混凝土梁调幅系数推导方法[145-146],也常见于我国的连续组合梁研究文献的调幅系数推导过程[46,64,88,120-121,150]。其基本假定即正弯矩区极限承载力在负弯矩区延性恰恰发挥完毕之时同步达到极限状态。对于组合梁尤其预应力连续组合梁,此种假定显然过分简单。组合梁的不同于钢梁或者混凝土梁最大的特点有:① 正负弯矩区承载力之比远远高于其他种类梁;② 负弯矩区转动能力受局部稳定或者相关失稳的影响,其在达到极限承载力后变形-承载力曲线下降段的斜率往往比较陡。此两点决定了简单套用混凝土梁或者其他形式梁的调幅系数推导思路推导出的调幅系数与试验值误差较大。此两组合梁的特殊点决定了连续组合梁的加载情况为:连续梁在加载过程中,负弯矩区迅速达到负弯矩极限强度,而此时正弯矩区远未达到极限承载力,随着荷载的增大,负弯矩区维持一定承载力的延性用完之时,正弯矩区仍未达到极限承载力状态,继续加载负弯矩区承载力迅速下降,此时的某一点正弯矩区的极限承载力才达到极限状态,亦于此时,连续梁的极限承载力达到极限状态,完成内力重分布过程。第 2 章试验也得出了同样的结论:组合梁正弯矩区的破坏为整根梁达到极限承载能力、破坏的标志。

基于以上分析,考察整根组合梁极限状态时的正负弯矩区的承载能力即为决定调幅系数的重要因素。可根据连续组合梁在负正弯矩区在整根梁极限状态时的抗弯承载能力值推得调幅系数的取值。为简便计,可以将整根梁极限状态时负弯矩区组合梁的承载力通过对用本论文第4.1 节方法简化塑性计算方法所得极限承载力乘以一定的折减系数 ζ 得到,按该简化塑性计算方法所求Ⅲ,Ⅳ类截面考虑局部屈曲的影响。显然,ζ 与负弯矩区组合梁的承载力-转角曲线、组合梁正弯矩区的承载力等有关,非常复杂,实际设计中可以将此折减系数简单地按截面的几何性质比如分类情况划分几档,并根据不同的档次取不同的值,经对不同截面组合梁在承受负弯矩作用下承载力-转动曲线的研究发现,忽略跨高比的影响,折减系数 ζ 大致可以按负弯矩区组合梁截面种类取不同的值:Ⅰ,Ⅲ类截面取 1,Ⅱ,Ⅳ类截面时取 0.9。藉此,可以比较准确地求得整根梁极限状态时的调幅系数。

6.4.1　集中荷载下的调幅需求

对于不等跨的情况,见图 6-7 所示。图中,设第一跨的跨长 l_1,第二跨的跨长 l_2,并假设 $\lambda = \dfrac{l_1}{l_2} \leqslant 1$。值得说明的是 M_p' 并不为用简化塑性计算方法所得极限弯矩,而为用简化塑性计算方法所得弯矩折减一定系数 ζ 之后的值,6.4.2 推导中 M_p' 亦如此。

弹性分析跨中支座弯矩为:

$$M' = \frac{3}{16}Pl_1 + \left(\frac{3}{16}Pl_2 - \frac{3}{16}Pl_1\right) \times \frac{l_2}{l_1 + l_2} \qquad (6-23)$$

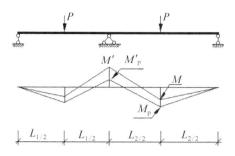

图 6 - 7　集中荷载下的连续梁内力重分布

弹性分析跨中的弯矩为：

$$M = \frac{1}{4}Pl_2 - \frac{1}{2} \times \left[\frac{3}{16}Pl_1 + \left(\frac{3}{16}Pl_2 - \frac{3}{16}Pl_1 \right) \times \frac{l_2}{l_1 + l_2} \right]$$

$$(6 - 24)$$

假设调幅系数为 β，则在调幅 β 之后的弯矩值为：

调幅后支座处的弯矩为：

$$M_{\text{p}}' = \left[\frac{3}{16}Pl_1 + \left(\frac{3}{16}Pl_2 - \frac{3}{16}Pl_1 \right) \times \frac{l_2}{l_1 + l_2} \right] \times (1 - \beta)$$

$$(6 - 25)$$

跨中弯矩：

$$M_{\text{p}} = \frac{1}{4}Pl_2 - \frac{1}{2} \times \left[\frac{3}{16}Pl_1 + \left(\frac{3}{16}Pl_2 - \frac{3}{16}Pl_1 \right) \times \frac{l_2}{l_1 + l_2} \right](1 - \beta)$$

$$(6 - 26)$$

若支座与跨中处的弯矩承载能力的比为 u，则可得：

$$u = \frac{\left[\frac{3}{16}Pl_1 + \left(\frac{3}{16}Pl_2 - \frac{3}{16}Pl_1 \right) \times \frac{l_2}{l_1 + l_2} \right] \times (1 - \beta)}{\frac{1}{4}Pl_2 - \frac{1}{2} \times \left[\frac{3}{16}Pl_1 + \left(\frac{3}{16}Pl_2 - \frac{3}{16}Pl_1 \right) \times \frac{l_2}{l_1 + l_2} \right](1 - \beta)}$$

$$(6 - 27)$$

约去 P, l_1, l_2 可求得 β 的表达式为：

$$\beta = 1 - \frac{8u}{(6 + 3u) \times \left[\lambda + \dfrac{1 - \lambda}{\lambda + 1}\right]} \qquad (6-28)$$

当 $\lambda = 1$，即为等跨时，

$$\beta = \frac{6 - 5u}{6 + 3u} \qquad (6-29)$$

6.4.2 均布荷载下的调幅需求

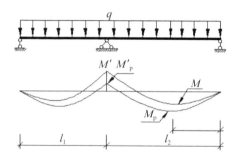

图 6-8 均布荷载下的连续梁内力重分布

连续梁在均布荷载情况下的内力重分布与在集中荷载下的内力重分布大致相同,只是内力重分布前后的正弯矩区最大弯矩不一定在跨中位置。对于不等跨的情况,设第一跨的跨长 l_1,第一跨的跨长 l_2,并假设 $\lambda = \dfrac{l_1}{l_2} \leqslant 1$。

弹性分析跨中支座弯矩为：

$$M' = \frac{1}{8}ql_1^2 + \left(\frac{1}{8}ql_2^2 - \frac{1}{8}ql_1^2\right) \times \frac{l_2}{l_1 + l_2} \qquad (6-30)$$

设 $u = \dfrac{M_p'}{M_p}$，跨中塑性铰位置 ηl_2，根据梁极限平衡可求出塑性状

态下的极限荷载

$$q = \frac{2M_p}{\eta_2 l_2^2}$$

式中，$\eta = \dfrac{1}{u}(\sqrt{1+u}-1)$。

弹性分析塑性铰位置处的弯矩为：

$$M = \frac{1}{2}ql_2^2(\eta-\eta^2) - \eta\left[\frac{1}{8}ql_1^2 + \left(\frac{1}{8}ql_2^2 - \frac{1}{8}ql_1^2\right) \times \frac{l_2}{l_1+l_2}\right]$$

$$(6-31)$$

假设调幅系数为 β，则在调幅 β 之后的弯矩值为：

调幅后支座处的弯矩为：

$$M_p' = \left[\frac{1}{8}ql_1^2 + \left(\frac{1}{8}ql_2^2 - \frac{1}{8}ql_1^2\right) \times \frac{l_2}{l_1+l_2}\right] \times (1-\beta)$$

$$(6-32)$$

正弯矩区塑性铰位置处的最大弯矩：

$$M_p = \frac{1}{2}ql_2^2(\eta-\eta^2) - \eta\left[\frac{1}{8}ql_1^2 + \left(\frac{1}{8}ql_2^2 - \frac{1}{8}ql_1^2\right) \times \frac{l_2}{l_1+l_2}\right] \times (1-\beta)$$

$$(6-33)$$

若支座与跨中处的弯矩承载能力的比为 u，则可得：

$$u = \frac{\left[\dfrac{1}{8}ql_1^2 + \left(\dfrac{1}{8}ql_2^2 - \dfrac{1}{8}ql_1^2\right) \times \dfrac{l_2}{l_1+l_2}\right] \times (1-\beta)}{\dfrac{1}{2}ql_2^2(\eta-\eta^2) - \eta\left[\dfrac{1}{8}ql_1^2 + \left(\dfrac{1}{8}ql_2^2 - \dfrac{1}{8}ql_1^2\right) \times \dfrac{l_2}{l_1+l_2}\right] \times (1-\beta)}$$

$$(6-34)$$

约去 P,l_1,l_2 将 $\eta = \dfrac{1}{u}(\sqrt{1+u}-1)$ 代入上式,可求得 β 的表达式为:

$$\beta = 1 - \frac{4(\sqrt{1+u}-1)^2}{u[\lambda^2 + (1-\lambda)]} \qquad (6-35)$$

当 $\lambda = 1$,即为等跨时,

$$\beta = 1 - \frac{4(\sqrt{u+1}-1)^2}{u} \qquad (6-36)$$

6.4.3 调幅系数确定

将式(6-26)与(式 6-33)用图表达出来如图 6-9 所示,图(a)中横坐标表示相邻跨短跨与长跨之比,图(b)中横坐标表示负正弯矩区的极限承载能力之比,纵坐标表示调幅系数。图 6-9 显示:① 随着负正弯矩区承载能力比的增大,调幅需求减小。通常预应力组合梁的 u 值在 0.5 到 0.9 之间,承受均布荷载的两等跨连续组合梁的调幅需求可达 60%,当 u 值为 0.9 时,调幅需求最小。② 不同的荷载形式有不同的调幅需求,均布荷载形式下的连续梁调幅需求大于集中荷载的调幅需求。一般情况下,均布的调幅需求要比集中调幅需求高 10% 左右。③ 其他条件都相同时,梁相邻跨度的跨长越接近则调幅需求越大,相邻跨长差别越大则调幅需求越小。短长跨比值为 1 的连续梁的调幅需求约比短长跨比值为 0.5 的调幅需求高 15%。

EC4[14]对连续组合梁的塑性分析做了如下限制:

(1) 相邻两跨的跨度相差不得超过短跨的 50%。

(2) 边跨跨度不得大于相邻跨长的 115%。

例 6.2 以 6.4 节强度极限状态求取第 2 章试验梁 CB1,PCB1 梁的调幅系数值。

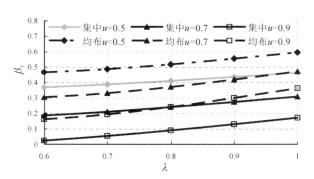

(a) 连续梁跨度比 - 调幅系数

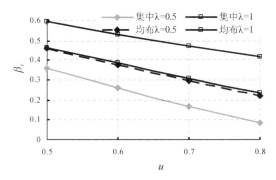

(b) 正负弯矩区承载能力 - 调幅系数

图 6 - 9　连续梁跨度比、与调幅需求的关系曲线

解：

(1) CB1 梁。

由第 2 章分析知，该两梁属于第三类截面，由 $\zeta = 1$。

用简化塑性计算方法分别解得正弯矩区的极限承载力为 $323.3\ \text{kN} \cdot \text{m}$、$268.7\ \text{kN} \cdot \text{m}$。则负弯矩区承载力在整根梁极限状态时的承载力为 $M'_p = 211.5\ \text{kN} \cdot \text{m}$。

由公式 (6 - 34)(按均布荷载计算) 可得：

$$\beta = 1 - \frac{4(\sqrt{u+1}-1)^2}{u} = 1 - \frac{4\left(\sqrt{\dfrac{211.5}{323.3}+1}-1\right)^2}{\dfrac{211.5}{323.3}} = 0.494$$

（2）PCB1 梁。

由第 2 章分析知，该两梁属于第三类截面，由 $\zeta = 1$。

用简化塑性计算方法分别解得正弯矩区的极限承载力为 372.5 kN·m、261.2 kN·m。则负弯矩区承载力在整根梁极限状态时的承载力为 $M'_\text{p} = 206.3$ kN·m。

由公式（6-34）（按均布荷载计算）可得：

$$\beta = 1 - \frac{4(\sqrt{u+1}-1)^2}{u} = 1 - \frac{4\left(\sqrt{\dfrac{206.3}{372.5}+1}-1\right)^2}{\dfrac{206.3}{372.5}} = 0.556$$

讨论：试验中 CB1，PCB1 在整根梁极限状态时的调幅系数分别为 0.53 和 0.63，与本方法计算值基本吻合，说明了本计算方法的可行性和正确性。

6.5 文献中的试验

6.3 节所述方法和 6.4 节所述方法实际上代表了三种求解调幅系数的思路和途径，即① 正常使用极限荷载为调幅系数的控制点，② 负弯矩区变形达到屈服平台终点为控制点，③ 整根梁的承载能力极限状态为控制点。遗憾的是，国内外现有文献中对裂缝开展与承载力的关系均缺乏比较翔实的记录，无法与本文所导得的公式（6-16）进行比对。为对比上述其余两种方法与试验值的吻合程度，验证 6.4 节所述方法原理上更高的精确性，将国内外文献中所述 28 根试验连续梁进行了计算并与试验结果进行了对比，对比表格如表 6-2 所示。表中数据 b_f、t_f、h_w、t_w 代表试验梁翼缘宽度、翼缘厚度、腹板高度、腹板厚度。"计算 1"

代表按公式(6-21)计算值,此计算方法实际上代表了传统的按截面转动能力求解连续梁调幅系数的思想。"计算2"代表按对用简化塑性计算方法求的正负弯矩区承载能力后,对负弯矩区承载力折减后以承载能力计算调幅系数的方法,即本文 6.4 节所述方法。截面类别按 EC4 分类标准划分。试验中比较一致的破坏状态为正弯矩区混凝土压碎,整个连续梁出现承载能力急剧下降而告结束,符合 6.4 节推导假定。

(1)我国相关规范[66-67]规定:在钢梁腹板和钢梁受压翼缘宽厚比满足塑性设计条件下,采用弹性分析时,建议弯矩调幅系数分别不宜超过 15% 和 25%。从表 6-2 可以看出,试验的调幅系数基本都远远高于规范规定的调幅系数值。这是因为组合梁本身的固有特点决定的,对于其他形式的连续梁比如混凝土梁而言,负正弯矩区的承载能力相差不大,甚至负弯矩区承载能力远远高于正弯矩区承载能力,此时不大的调幅系数值便实现弯矩的内力重分布过程,实现了正负弯矩区抗弯能力的重分利用。而组合梁的负弯矩区的承载能力一般仅为正弯矩区承载能力的 0.5 左右,如此低的负弯矩区承载能力导致连续组合梁的调幅系数值要远远大于一般的连续梁的调幅系数取值。用规范给定的调幅系数值显然不符合组合梁本身固有的特点,过小的弯矩调幅值会造成如下的结果:① 负弯矩区组合梁截面为了承载过大的弯矩值而不得不配置过多的钢筋,由于组合梁负弯矩区的力学性质受稳定控制,通过改变组合梁负弯矩区的几何数据而增大负弯矩区组合梁的承载能力既不经济也不安全;② 正弯矩区组合梁抵抗正弯矩的高承载潜力得不到发挥而造成实际工程的不经济。

(2)表 6-2 显示,用传统的转动能力决定调幅系数思路推导出的调幅系数值和承载能力决定调幅系数的思路推导出的调幅系数取值相比,显然前者的符合程度远远小于后者。且前者的与试验值相比的离散比较大,这显然是由于推导过程中错误假定正弯矩区达到极限状态时负

表6-2 连续组合梁计算与实测调幅系数的比较

来源	梁编号	钢筋面积(屈服强度)	预应力/kN	B_f,t_f,h_w,t_w 或钢梁型号(屈服强度)	跨度	调幅系数 试验	计算1	计算2	截面类型
本文	CB1	8Φ16(335)	—	120,14,255,6 (372)	4 800	0.53	0.29	0.49	III
	PCB1*	8Φ16(335)	240		4 800	0.63	0.14	0.56	II
	CB2	8Φ14(335)	—			0.23	0.48	0.32	II
	PCB2	8Φ14(335)	210			0.20	0.15	0.32	II
房贞政[147,98]	PSC-2*	4Φ10	284	120,8,230,6 (287)	4 000	0.143	0.28	0.45	II
	PSC-3*	4Φ10	274			0.11	0.28	0.43	II
宗周红[98]	CB1*	5Φ10	343	I 20a(319.3)	3 600	0.38	0.31	0.54	I
	CB2*	8Φ10	276			0.16	0.18	0.48	I
陈萍艳[148]	PJ-1*	5Φ10(235)	140	120,6,188,6 (235)	1 500	0.33	0.43	0.37	II
	PJ-2*	5Φ10(235)	203			0.41	0.33	0.39	II
樊健生[120]	SB09	5Φ10(369.2)	—	I 20a(290.6)	3 900	0.43	0.79	0.38	I
	SB10	8Φ10(369.2)	—			0.38	0.72	0.32	I
	SB11	11Φ10(369)	—			0.30	0.63	0.32	I
张眉河[122]	CCB-1	$R=0.23$	—	I 20a(310)	3 840	0.32	0.68	0.39	I
	CCB-2	$R=0.53$	—			0.21	0.50	0.27	I

续　表

来　源	梁编号	钢筋面积(屈服强度)	预应力/kN	B_f, t_f, h_w, t_w 或钢梁型号(屈服强度)	跨度	调幅系数			截面类型
						试验	计算 1	计算 2	
高向东[121]	L-3	R=0.408	—	I 20b(305)	3 800	0.40	0.61	0.37	I
	L-4	R=0.809	—	I 18(294)		0.17	0.51	0.22	
王连广[73]	L-1	4Φ12	—	I 10	1 700	0.42	0.81	0.40	I
	L-2	6Φ12	—	I 10		0.08	0.75	0.33	
	L-3	5Φ12	—	I 10		0.39	0.65	0.36	
	L-4	8Φ12	—	I 10		0.10	0.60	0.21	
	L-5	6Φ12	—	I 10		0.36	0.75	0.30	
	L-6	6Φ12	—	I 10		0.36	0.75	0.33	
Ansourian P[149]	CTB-3	1 700	—	200,10,170,6.5	4 500	0.25	0.35	0.27	I
	CTB-4	1 571	—	200,10,170,6.5	4 500	0.27	0.30	0.28	
	CTB-5	1 730	—	100,9.8,180,6.2	4 500	0.22	0.38	0.23	
	CTB-6	2 027	—	120,9.8,180,6.2	4 500	0.26	0.24	0.25	
Yam L C P etc[107]	1	450	—	76,9.6,132.8,5.9	3 350	0.35	0.41	0.33	II

注：＊为预应力组合梁。
＃房贞政试验梁负弯矩承载力远高于简化塑性计算方法计算值。

弯矩区承载力仍维持在承载力极限状态有关。

(3) 相比于普通组合梁,尽管组合梁施加预应力之后对转动能力会产生一定影响,甚至大大加速了承载力-转角曲线的下降趋势,对比表6-2中普通组合梁和预应力组合梁试验值可以发现,但当预应力在正弯矩区亦施加时,由于在正弯矩区抗弯承载能力的大大提高,一定程度的提高了整根梁极限状态时的调幅系数取值。普通组合梁与预应力组合梁调幅系数求法可以统一用6.4节方法评定。

(4) 对连续组合梁的承载能力设计,EC4[14]建议在弹性分析内力的基础上,根据组合梁负弯矩截面分类(Ⅰ～Ⅳ类),对中间支座弯矩调幅系数分别取为:40%、30%、20%、10%。显然,表6-2也显示,不同截面不同种类的组合梁的调幅系数差别较大,我国规范一揽子规定一个值的规定显然比较粗糙,不能满足设计的经济要求,EC4根据不同类别组合梁规定不同的调幅系数,然而从表6-2也看出,即使不同类别组合梁调幅系数主要由其承载力决定,简单地用一个定值的做法显然也不够合适。本文提供的调幅系数求法,可有效地发挥连续组合梁极限承载力,对连续组合梁优化设计具有参考价值。

6.6　本章小结

对比分析了国内外连续混凝土梁的调幅系数的规定,影响混凝土梁调幅系数的主要参数为混凝土梁的转动能力。分别推导了裂缝达到正常使用极限状态和一定柔细比条件下边跨支座和中间跨支座处的调幅系数。讨论了预应力组合梁在不同预应力筋布筋方式时的预应力次弯矩对调幅系数的影响,得出:预应力的施加基本不会对连续梁负弯矩区的转动产生不利影响,根据普通组合梁推导的调幅系数公式可以用于预应力连续组合梁。

　　根据组合梁正负弯矩区承载能力推导了调幅系数需求,推导了不同跨长连续梁在集中荷载下和均布荷载下的调幅系数,给出了不同种类截面负弯矩区承载能力折减系数。通过与试验的对比分析发现,轧制截面组合梁调幅系数不受截面延性所控制,而是受正负弯矩区的承载能力比所控制。根据承载力能力推导的调幅系数与试验值吻合较好。本文提供的调幅系数求法,可有效地发挥连续组合梁极限承载力,对连续组合梁优化设计具有参考价值。

第 *7* 章

结论与建议

7.1 结　　论

本书通过试验、理论和有限元分析,对预应力连续组合梁整体和局部失稳的受力性能进行了研究,建立了极限状态下连续组合梁承载力计算模型和分析方法,完成的主要工作和结论有:

(1) 对 2 根普通连续组合梁和 2 根预应力连续组合梁进行了试验研究。试验表明:混凝土开裂引起连续组合梁负弯矩区截面刚度下降,试件在较低荷载下发生明显的内力重分布现象;预应力的施加大大延缓了负弯矩区混凝土裂缝的出现和发展,提高了截面的刚度。正弯矩区预应力增量较大能达到锁定应力的 40% 以上;负弯矩区预应力增量较小,可以忽略不计。

(2) 建立了组合梁失稳分析有限元计算模型。利用 ANSYS、ABAQUS 通用有限元软件建立了连续组合梁和预应力连续组合梁的模型,计算模型考虑了混凝土的开裂压碎、栓钉的剪切变形、材料非线性、构件几何非线性、板件屈曲等因素,并采用了弹簧群模拟栓钉的建模方法,提高了求解收敛性。采用两种软件分别进行了组合梁的失稳分析计算,并与试验结果进行了比较,计算结果与试验结果吻合,为组合梁的深入研究提供了一种有效的手段。

（3）通过对组合梁在负弯矩作用下的整体稳定分析,采用与能量法和侧向弹性约束压杆稳定理论计算成果的比较分析,探讨了影响组合梁稳定的因素对预应力组合梁在负弯矩下的承载能力进行了参数分析和数值模拟,给出了求解预应力组合梁稳定承载力的方法,提出了组合梁柔细比修正公式。讨论了避免组合梁的整体失稳的构造措施,对相关公式进行了推导并与试验做了比对。

（4）研究了线弹性状态下板的屈曲承载力,探讨了影响板件受力的影响因素。采用悬臂梁模型,用有限元方法对局部屈曲情况下的预应力组合梁连续梁进行了参数分析和大量模拟,得出组合梁在负弯矩作用下的塑性铰长度可用 0.5 倍腹板高度表达。总结了国内外的研究成果,提出了计算负弯矩区转动能力的计算参数,回归了转动能力的计算公式。分析了增强组合梁在负弯矩作用下延性的具体措施,并给出了设计建议。

（5）推导了普通连续组合梁在一定延性条件下的调幅能力,讨论了预应力连续组合梁的调幅能力,提出了适用于普通组合梁和预应力组合梁的调幅能力计算方法。对设计中调幅系数的确定进行了讨论,针对正负弯矩区的承载能力,推导了任意跨长连续梁上均布荷载和跨中集中荷载作用下的调幅需求。给出了设计中调幅系数的确定方法。本方法与文献中试验梁进行了对比说明了本书所给方法的正确性。

7.2 关于进一步研究工作的建议

预应力的施加使钢-混凝土组合连续梁结构形式更加合理。本书的研究成果对于提高现有设计方法的合理性和可靠性具有参考价值。但许多问题还需要开展进一步的深入研究，主要包括以下几个方面：

（1）Ⅲ，Ⅳ类截面预应力连续梁。本书研究对象主要针对Ⅰ，Ⅱ类截面梁展开，Ⅲ，Ⅳ类截面对于预应力的施加可能更为敏感，正确地评估预应力的施加对其稳定承载力的影响和屈曲后性能的影响，是推广这一结构形式必不可少的一环。

（2）本书在对承载能力研究时荷载工框局限为纯弯荷载，延性研究中荷载工框局限于集中荷载，均比较单一。实际工程中荷载工框种类繁多，对不同荷载工框下的组合梁进行研究并与本书所研究工框建立参数联系是下一步研究所应考虑的。支座形式亦然。

（3）疲劳、动力性能作用下稳定的评价方法。疲劳、动力性能作用下的研究主要集中于与简支梁，对于连续组合梁或预应力连续组合梁的疲劳、动力性能的研究尚开展较少，考虑疲劳、动力作用下的稳定问题更是鲜见报端。随着火车的不断提速，公路桥梁荷载的不断升级，新设计桥梁和既有桥梁加固中的预应力减小了负弯矩区混凝土中的拉应力、增加了混凝土的受拉弹性工作性能，正确地评估预应力对疲劳、动力性能对稳定的影响是必要的。

（4）实际工程中，变截面组合梁，腹板开孔组合梁应用都比较普及。此类组合梁的整体稳定性能，局部屈曲与普通组合梁会有较大的不同。对此类组合梁的稳定性能展开研究亦为推广这一结构形式的当务之急。

参考文献

［1］ 聂建国,刘明,叶列平. 钢-混凝土组合结构［M］. 北京：中国建筑工业出版社,2005.

［2］ 周小蓉,陈世鸣,顾萍. 体外预应力钢-混凝土组合梁［J］. 钢结构,2005(3)：9-11.

［3］ Climenhaga J J. Local buckling in composite beams ［D］. PhDthesis of University of Cambridge，1972.

［4］ Hope-Gill M C. The ultimate strength of continuous composite beams［D］. University of Cambridge，1974.

［5］ Johnson R P. Composite structures of steel and concrete ［M］. Crosky Lockwond Stuples，1975(1).

［6］ Johnson R P, Bradfold M A. Distortional lateral buckling of continuous composite bridge girders ［C］. Morris，Lt(ed) International Conference on Stability and Plastic Collapse of Steel Structures，Granada. 1983：569-580.

［7］ British Standards Institution. Code of Practice for Design of Steel Bridge［S］. BSI，BS5400：Part 3，London，1982.

［8］ Svensson S E. Lateral bucking of beams analyzed as elastically supported columns subject to varying axial force［J］. Journal of Constructional Steel Research，1985，5：179-193.

[9] Goltermann P, Svensson S E. Lateral distortional bucking: predicting elastic critical stress [J]. Journal of Structural Engineering (ASCE), 1988, 7: 1605 - 1625.

[10] Johnson R P, Fan C K R. Distortional Lateral Buckling of Continuous Composite Beams [C]. Proceedings of the institution of Civil Engineers, London, Part 2, 1991: 131 - 161.

[11] Bradfold M A, Johnson R P. Inelastic buckling of composite bridge girders near internal supports[C]. Proceedings of the institution of Civil Engineers, London, Part 2, 1987: 143 - 159.

[12] Weston G, Nethercot D A, Crisfield M A. Lateral buckling in continuous composite bridge girders [J]. The Structural Engineer, 1991: 69 (5): 79 - 87.

[13] Lawson R M, Rackham J W. Design of Hanuched Composite Beams in Buildings [J]. Steel Construction Institution, Ascot, 1989.

[14] European Committee for Standarisation. Eurocode 4 Design of Composite Steel and Concrete Structures, Part 1. 1: General Rules and Rules for Buildings[S]. CEN, Brussels, ENV1994 - 1 - 1.

[15] Kemp A R, Dekker N W. Available rotation capacity in steel and composite beams[J]. The Structural Engineer, 1991, 69(5): 88 - 89.

[16] Bradfold M A, Gao Z. Distortional buckling solutions for continuous composite beams [J]. Journal of Structural Engineering (ASCE) 1992, 118(1): 73 - 89.

[17] Johnson R P, Shiming Chen. Local Buckling and Moment Redistribution in Class 2 composite beams[J]. Structural Engineering International, 1991, 1(4): 27 - 34.

[18] Johnson R P, Shiming Chen. Stability of continuous composite plate girders with U-frame action[C]. Proc. Instn Civ. Engrs Structs & bldgs, 1993, 99: 187 - 197.

[19] Johnson R P, Shiming Chen. Strength and stiffness of discrete U-frames in composite plate girders[J]. Proc. Instn Civ. Engrs Structs & bldgs, 1993, 99: 199 – 209.

[20] Kemp A R, Dekker N W, Trinchero P. Factors Influencing the Strength of Continuous Composite Beams in Negative Bending [J]. Journal of the Constructional Steel Research, 1995: 34: 161 – 185.

[21] Victor Gioncu, Dana Petcu. Available Rotation Capacity of Wide-Flange Beams and Beam-Columns part 1. theoretical approaches [J]. Journal of Construct steel research, 1997, 43: 161 – 217.

[22] Karl E Barth, Donald W White. Finite element evaluation of pier moment-rotation characteristics incontinuous-span steel I Girders [J]. Engineering Structures, 1998, 20(8): 761 – 778.

[23] Lindner J. Lateral torsional buckling of composite beams[J]. Journal of Constructional Steel Research, 1998, 46: 222 – 289.

[24] Bradford M A. Inelastic buckling of I-beams with continuous elastic tension flange straint [J]. Journal of Constructional Steel Research, 1998, 48: 63 – 77.

[25] Bradford M A, Kemp A R. Buckling in continuous composite beams [J]. Struct. Engng Mater, 2000, 2: 169 – 178.

[26] Bradford M A. Strength of compact steel beams with partial restraint [J]. Journal of Constructional Steel Research, 2000, 53: 183 – 200.

[27] Hamid R Ronagh. Progress in the methods of analysis of restricted distortional buckling of composite bridge girders Struct [J]. Engng. Mater, 2001, 3: 141 – 148.

[28] Kemp A R, David A Nethercot. Required and available rotations in continuous composite beams with semi-rigid connections[J]. Journal of Constructional Steel Research, 2001: 57: 375 – 400.

[29] Graciano C, Edlund B. Failure mechanism of slender girder webs with a

longitudinal stiffener under patch loading [J]. Journal of Constructional Steel Research, 2003, 59: 27 – 45.

[30] Vrcelj Z, Bradfold M A, Uy B, Wright H D. Bucking of the steel component of a composite member caused by shrinkage and creep of the concrete component[J]. Progress in Structural Engineering and Materials, 2004, 4: 186 – 192.

[31] Ahti Laane, Jean-Paul Lebet. Available rotation capacity of composite bridge plate girders under negative moment and shear[J]. Journal of Constructional Steel Research, 2005, 61: 305 – 327.

[32] Vrcelj Z, Bradford M A. Elastic distortional buckling of continuously restrained I-section beam-columns [J]. Journal of Constructional Steel Research, 2006, 62: 223 – 230.

[33] Rongqiao Xu, Yufei Wu. Static, dynamic, and buckling analysis of partial interaction composite members using Timoshenko's beam theory [J]. International Journal of Mechanical Sciences, 2007(02): 006.

[34] Heidarpour A, Bradford M A. Local buckling and slenderness limits for flange outstands at elevated temperatures [J]. Journal of Constructional Steel Research, 2007, 63: 591 – 598.

[35] Szilard R. Design of prestressed composite steel structure [J]. J. Struct. Div., ASCE, 85(9): 97 – 124.

[36] Sarnes F W, Jr. Prestresseing continuous composite steel-concrete bridges [J]. Master's thesis, Lehigh University, Bethlehem, Pa. 1975.

[37] Kennedy J B, Grace J F. Prestressed decks in continuous composite bridges [J]. J. struct. Engrg., ASCE, 1982, 108(11): 2394 – 2410.

[38] Basu P K, Sharif A M. Partially prestressed continuous composite beams [J]. Journal of Structural Engineering, 1987, 113(9).

[39] Saadatamanesh H, Albrecht P, Ayyub B M. Guidelines for Flexural Design of Prestressed composite Beams [J]. J. Struct. Div, ASCE, 1989,

115(11)：2944 - 2961.

[40] Troitsky M S，Zielinski Z，Rabbani N. Prestressed steel continuous span girders[J]. J. struct. Engrg.，ASCE，1989，115(5)：1357 - 1370.

[41] Wenxia Tong，Saadatamanesh H. Parametric study of continuous prestressed composite girders[J]. J. Struct. Engrg，ASCE，1992，118(1)：186 - 206.

[42] Ayyub B M，Sohn Y G，Saadatmanesh H. Prestressed composite girders I：Experimental study for negative moment[J]. J. Struct. Engrg.，ASCE，1992，118(10)：2743 - 2762.

[43] Ayyub B M，Sohn Y G，Saadatmanesh H. Prestressed composite girders II：Analytical study for negative moment [J]. J. Struct. Engrg.，ASCE，1992，118(10)：2763 - 2783.

[44] Kennedy J B，Grace J F. Prestressed decks in continuous composite bridges，J. struct. Engrg.，ASCE，1982，108(11)：2394 - 2410.

[45] Andrea Dall'Asta1，Laura Ragni，Alessandro Zona. Analytical model for geometric and material nonlinear analysis of externally prestressed beams [J]. Journal of engineering mechanics，2007(1)：117 - 121.

[46] 朱聘儒,高向东,吴振声. 钢-砼连续组合梁塑性铰特性及内力重分布研究[J].建筑结构学报,1990,11(6)：26 - 37.

[47] 陈世鸣.钢-混凝土连续组合梁负弯矩的局部失稳[J].建筑结构学报,1995(12)：30 - 37.

[48] 陈世鸣.连续组合梁侧向失稳的弹性地基压杆稳定解[J].工业建筑,1997,27(2)：29 - 32.

[49] 陈世鸣. 钢-混凝土组合梁的相关屈曲失稳[J]. 工程力学（增刊）,1997：331 - 334.

[50] 宗周红,车惠民,房贞政.预应力钢-混凝土组合梁有限元非线性分析[J].中国公路学报,2000(4)：48 - 51.

[51] 宗周红,车惠民,房贞政.预应力钢-混凝土组合梁受弯承载力简化计算[J].

福州大学学报,2000,28(1):56-61.

[52] 段建中,陈苹艳.预应力组合连续梁的变形计算[J].合肥工业大学学报(自科版),2000,23(3):362-365.

[53] 宗周红,郑则群,房贞政,等.体外预应力钢-混凝土组合连续梁试验研究[J].中国公路学报,2002(1):45-49.

[54] 陈世鸣.钢-混凝土连续组合梁的稳定[J].工业建筑,2002,32(9):1-4.

[55] 陈世鸣.钢-压型钢板混凝土组合梁的极限负弯矩强度[J].钢结构,2002,17(57):14-17.

[56] 陈世鸣,孙森泉,张志彬.体外预应力钢-混凝土组合梁负弯矩区的承载力研究[J].土木工程学报,2005,38(11):14-20,88.

[57] Shiming Chen, Ping Gu. Load carrying capacity of composite beams prestressed with external tendons under positive moment[J]. Journal of Constructional Steel Research, 2005, 61: 515-530.

[58] Shiming Chen. Experimental study of prestressed steel-concrete composite beams with external tendons for negative moments [J]. Journal of Constructional Steel Research, 2005, 61: 1613-1630.

[59] Shiming Chen, Zhibin Zhang. Effective width of a concrete slab in steel-concrete composite beams prestressed with external tendons[J]. Journal of Constructional Steel Research, 2006, 62: 493-500.

[60] 蒋丽忠,李兴.钢-混凝土组合梁侧向稳定承载力[J].铁道科学与工程学报,2006,3(6):14-18.

[61] 童根树,夏骏.工字形截面框架梁负弯矩区弹性侧向稳定分析[C].首届全国建筑技术交流会论文集,2006.

[62] 夏骏.钢-混凝土组合梁挠度计算简化方法和负弯矩区畸变屈曲分析[D].浙江大学,2006.

[63] 陈进,王俊平,陶燕.连续侧向约束条件下薄壁梁的整体稳定分析[J].昆明理工大学学报(理工版),2006,31(1):65-68.

[64] 贾远林,陈世鸣.钢-混凝土连续组合梁强度极限状态调幅系数[J].钢结构,

2006,21(87)：31 - 34.

[65] Nie J G，Cai C S. Experimental and analytical study of prestressed steel-concrete composite beams considering slip effect [J]. Journal of structural engineering，2007，13(4)：530 - 540.

[66] 中华人民共和国国家标准. GB 50017—2003 钢结构设计规范[S]. 北京：中国计划出版社,2003.

[67] 中华人民共和国行业标准. JGJ 99—98 高层民用建筑钢结构技术规范[S]. 北京：中国建筑工业出版社,1998.

[68] 中华人民共和国行业标准. YB 9238—92 钢-混凝土组合楼盖设计与施工规程[S]. 北京：冶金出版社,1992.

[69] 中华人民共和国交通部部标准. JTJ 025—86 公路桥涵钢结构及木结构设计规范[S]. 北京：人民交通出版社,1998.

[70] 中华人民共和国行业标准. TB 10002.2 - 2005 铁路桥梁钢结构设计规范[S]. 北京：中国铁道出版社,2005.

[71] 童根树. 钢结构的平面外稳定[M]. 北京：中国建筑工业出版社,2004.

[72] 聂建国. 钢-混凝土组合梁结构[M]. 北京：科学出版社,2005.

[73] 王连广. 钢与混凝土组合结构理论与计算[M]. 北京：科学出版社,2005.

[74] 陈骥. 钢结构稳定理论与设计[M]. 2 版. 北京：科学出版社,2003.

[75] 朱聘儒. 钢-混凝土组合梁设计原理[M]. 北京：中国建筑工业出版社,1989.

[76] 陈绍番. 钢结构设计原理[M]. 2 版. 北京：科学出版社,2003.

[77] 夏志斌,姚谏. 钢结构-原理与设计[M]. 北京：中国建筑工业出版社,2004.

[78] Theodore V Galambos. Guide to stability design criteria for metal structures [M]. John wiley & Sons, inc. , 1998.

[79] 熊学玉. 体外预应力设计[M]. 北京：中国建筑工业出版社,2005.

[80] 庄苗. ABAQUS 有限元软件 6.4 版[M]. 北京：清华大学出版社,1997.

[81] 邢静忠. ANSYS7.0 分析实例与工程应用[M]. 北京：机械出版社,2004.

[82] 易日. 使用 ANSYS6.1 进行结构力学分析[M]. 北京：北京大学出版社,2002.

[83] 张波,等.ANSYS 有限元数值分析原理与工程应用[M].北京:清华大学出版社,2005.

[84] 王金昌,陈页开.ABAQUS 在土木工程中的应用[M].杭州:浙江大学出版社,2006.

[85] 石亦平,周玉蓉.ABAQUS 有限元分析实例详解[M].北京:机械工业出版社,2006.

[86] 中华人民共和国交通部标准.JTJ 025 - 86 公路桥涵钢结构及木结构设计规范[S].北京:中国计划出版社,1986.

[87] AASHTO. AASHTO LRFD bridge design specitications[S]. American, 1994.

[88] 余志武,周凌宇.钢-部分预应力混凝土连续组合梁内力重分布研究[J].建筑结构学报,2002,23(6):64 - 69.

[89] Hung-I Wu. An experimental and analytical study of post-tensioned steel-concrete composite bridges[D]. Purdue university,2000.

[90] 宗周红,车惠民,房贞政.预应力钢-混凝土组合梁受弯承载力简化计算[J].福州大学学报,2000,28(1):56 - 61.

[91] 聂建国,周天然,等.预应力钢-混凝土组合梁的抗弯承载力研究[J].工业建筑,2003,33(12):1 - 5.

[92] 王连广,刘莉,郑宇.钢与高强混凝土预应力组合梁承载力计算[J].东北大学学报,2005,26(2):164 - 166.

[93] 聂建国,温凌燕.体外预应力加固钢-混凝土连续组合梁的承载力分析[J].工程力学,2006,23(1):81 - 86.

[94] 牛斌.体外预应力混凝土梁极限状态分析[J].土木工程学报,2000,33(3):7 - 15.

[95] 贾艳敏,施平,盖秉政.预应力钢梁体外索的张量增量分析[J].力学与实践,2002(24):30 - 32.

[96] 马瑞挺,崔名堂.预应力钢-混凝土组合梁承载力计算方法[J].建筑技术开发,2003,30(9):6 - 8.

[97] 姚振纲,刘祖华.建筑结构试验[M].上海:同济大学出版社,1996.

[98] 宗周红,郑则群,房贞政,等.体外预应力钢-混凝土连续组合梁试验研究[J].中国公路学报,2002,15(1):44-49.

[99] 聂建国.钢-混凝土组合梁强度、变形和裂缝的研究[D].清华大学博士后研究报告,1994.

[100] 聂建国,沈聚敏,袁彦声.钢-混凝土简支组合梁变形计算的一般公式[J].工程力学,1994,11(1):21-27.

[101] 聂建国,李勇,余志武,等.钢-混凝土组合梁刚度的研究[J].清华大学学报,1998,38(10):38-41.

[102] Gaetano Manfredi, Giovanni Fabbrocino, Edoardo Cosenza. Modeling of steel-concrete composite beams under negative bending[J]. Journal of engineering mechanics, 1999, 125(6):654-662.

[103] 聂建国,沈聚敏.滑移效应对钢-混凝土组合梁弯曲强度的影响及其计算[J].土木工程学报,1997,30(1):31-36.

[104] 聂建国,樊健生.组合梁在负弯矩作用下的刚度分析[J].工程力学,2002,19(4):33-36.

[105] Olligaard J G, Slutter R G, Fisher J W. Shear strength of stud connectors in light-weight and normal-weight concrete[J]. Engrg. J. AISC, 1971(9):55-64.

[106] Sebastian W M, Mcconnel R E, Nonlinear F E. Analysis of steel-concrete composite structures[J]. J. Struct. Enrg., ASCE, 2000, 126(6):662-674.

[107] Yam L C P, Chapman J C. The inelastic behaviour of contimuous composite beams of steel and concrete[A]. Proc, Institution of Civ Engrs[C]. 1972, 2(53):487-501.

[108] Oehlers D J, Sved G. Composite beams with limited-slip-capacity shear connectors[J]. J. Stuct. Enrg., ASCE, 1995, 121(6):932-938.

[109] 江见鲸,陆新征,叶列平.混凝土结构有限元分析[M].北京:清华大学出版

社,2005.

[110] 李围.ANSYS在土木工程中的应用[M].水利水电出版社,2007.

[111] 方恺,陈世鸣.考虑剪力连接件刚度的钢-混凝土组合梁有限元分析[J].工业建筑,2003,33(9):75-77.

[112] 刘齐茂,李徽.基于有限元法的钢-混凝土组合梁截面优化设计[J].西安建筑科技大学学报,2005,37(4):514-521.

[113] 韦芳芳,吕志涛,孙文彬.部分剪力连接钢-混凝土组合梁的非线性分析[J].工业建筑,2003,33(9)78-79.

[114] 张志斌.体外预应力钢-混凝土组合梁计算理论研究[D].上海:同济大学硕士学位论文,2003.

[115] 张琪,胡夏闽,王干.钢-混凝土组合梁纵向抗剪非线性分析[J].南京工业大学学报,2005,27(5):37-41.

[116] 师小虎.腹板加肋钢-混凝土组合梁抗侧扭刚度与失稳研究[D].上海:同济大学硕士学位论文,2004.

[117] Weston G,Nethercot D A,et al. Lateral buckling in continuous composite bridge girders[J]. The Structural Engineers,1991,69(5):78-87.

[118] 中华人民共和国标准.GB 50205—2001 钢结构施工质量验收规范[S].北京:中国计划出版社,2001.

[119] Goltermann P,Svensson S E. Lateral buckling:predicting elastic critical stress[J]. Journal of Structural Engineering,1988,114(7):1606-1625.

[120] 樊建生.钢-混凝土连续组合梁的试验及理论研究[D].北京:清华大学,2003.

[121] 高向东.钢-砼连续组合梁塑性铰特性及内力重分布研究[D].哈尔滨:哈尔滨建筑工程学院硕士学位论文,1988.

[122] 张眉河.钢-混凝土组合梁负弯矩区工作性能的试验研究[D].北京:清华大学硕士学位论文,1995.

[123] 陈世鸣,顾萍.负弯矩区Ⅱ型组合梁的连接强度与刚度[J].工业建筑,2002,32(9):8-10.

[124]　Shiming Chen. Instability of composite beams in hogging bending [D]. Warwick university，1992.

[125]　Haaijer G，Thürlimann B. On inelastic buckling in steel[J]. Proccdings of the ASCE，1958，84(EM2).

[126]　崔佳，魏明钟，赵熙元，等. 钢结构设计规范理解与应用[M]. 中国建筑工业出版社，2004.

[127]　吴香香. 多层薄柔钢框架的抗震设计[D]. 上海：同济大学，2006.

[128]　Ahti Laane. Post-critical behaviour of composite bridges under negative moment and shear[D]. Technical university of Tallinn，2003.

[129]　Scholz H Ductility. redistribution and hyperstatic moment in partially prestressed members[J]. ACI Structural Journal，1990，87(3)：341－349.

[130]　蒲黔辉，杨永清. 部分预应力混凝土梁塑性铰区长度的研究[J]. 西南交通大学学报，2002，37(2)：195－198.

[131]　牛斌. 体外预应力混凝土梁极限状态分析[J]. 土木工程学报，2000，33(3)：7－15.

[132]　Schilling. Unified autostress method[J]. Engineering Journal，American institute of steel construction，1991，28(4)：161－176.

[133]　Barth K E，White D W. Finite element evaluation of pier moment-ratation characteristics in continuous-span steel I girders[J]. Engineering，1998，20(8)：761－778.

[134]　Wargsjo A. Plastisk rotationskapacitet hos svetsade stalbalkar，Licentiatuppsats[M]. Tekniska Hogskolan I Lulea，1991.

[135]　Axhag F. Plastic design of slender steel bridge girds[D]. Lulea University of Technology，1998.

[136]　Ahti Laane，Jean-Paul Lebet. Available rotation capacity of composite bridge plate girders under negative moment and shear[J]. Journal of Constructional Steel Research，2005，61：305－327.

[137]　中华人民共和国行业标准. DL/T 5085—1999　钢-混凝土组合结构设计规

程[S].北京：中国电力出版社,1999.

[138] 高轩能.纵向加劲肋对钢梁腹板弹塑性屈曲承载能力影响的研究[J].南昌大学学报,1999,21(3)：6-11.

[139] AISC. Load and resistance factor design specification for structural steel buildings[S]. Chicago，AISC. Inc，1999.

[140] American Concrete Institute. Building code requirements for structural concrete and commentary [S]. ACI318-05.

[141] CEB-FIP：欧洲国际混凝土委员会.1990CEB-FIP 模式规范（混凝土结构）[S].中国建筑科学研究院结构所规范室,译.[出版者,出版地不详]1991.

[142] 英国混凝土结构规范(BS8100 修订版)[S].中国建筑科学研究院结构所规范室,译.[出版者,出版地不详]1993.

[143] Australian Standard Concrete Structures（AS3600-2001）[S]. Published by Standard Australian International Ltd GPO Box 5420，Sydney，2001.

[144] 中华人民共和国国家标准.GB 50010—2002 混凝土结构设计规范[S].北京：中国计划出版社,2002.

[145] 简斌.对后张有粘结部分预应力混凝土连续梁次弯矩内力及内力重分布规律的试验及研究[D].重庆：重庆大学,1999.

[146] 简斌,白绍良,王正霖.预应力混凝土连续梁弯矩调幅的延性要求[J].工程力学,2001,18(2)：51-57.

[147] 房贞政,郑则群.不同剪力连接程度预应力钢-混凝土组合连续梁的试验研究[J].福州大学学报,2002,30(3)：343-348.

[148] 陈萍艳.预应力组合连续梁试验研究[D].合肥：合肥工业大学硕士学位论文,1999.

[149] Ansourian P. Experiments on continuous composite beams[J]. Journal of Constructional Steel Research[A]. Proc. Instn Civ. Engrs，Part 2，1981，71(12)：25-71.

[150] Shiming Chen，Yuanlin Jia. Required and available moment redistribution of continuous steel-concretecomposite beams[J]. Journal of Constructional

Steel Research，64（2008）：167－175.

[151] 聂建国,阎善章.以混凝土叠合板为翼缘的连续钢-混凝土组合梁[J].工业建筑,1992,2：10－14.

[152] 余志武,郭风琪.部分预应力钢-混凝土连续组合梁负弯矩区裂缝宽度试验研究[J].建筑结构学报,2004,25(4)：55－59.

附录 A　预应力组合梁正弯矩区承载能力及负弯矩区开裂弯矩的计算

1. 预应力组合梁正弯矩区承载能力的计算

组合梁正弯矩区施加预应力以后，如何考虑预应力增量对截面承载力的影响是主要的问题。国外针对如何考虑预应力梁中预应力增量影响主要有两类观点：① 美国公路桥梁设计规范（AASHTO 1994）、西班牙规范建议根据不同的情况计算不同的预应力增量，计算承载力公式中考虑应力增量。② 欧洲多数国家的规范（法国、德国和欧洲混凝土协会）则不考虑预应力增量，主要原因为考虑预应力增量可能为二次效应所带来的不利影响所抵消[1]。国内的研究人员大都考虑了预应力增量的有利影响，但都忽视了预应力索二次效应所带来的不利影响。宗周红[2]提出预应力索最终应力取 0.8～0.9 屈服强度，Chen[3]、聂建国[4]也建立自己的预应力增量求解方法和承载力求解方法。但求解过程复杂，同时忽略二次效应的影响，可能会带来不安全的结果。

为简便计，认为预应力增量所带来的有利影响与二次效应所带来的不利的影响抵消，计算中不计这两种效应的影响。与钢结构设计规范[5]中计算普通组合梁的简化塑性计算公式相统一，设定塑性中和轴位于混凝土板内,计算公式可用公式(A-1)表达,图 A-1 即为塑性中和轴在混凝土板内的计算简图。当塑性中和轴位于钢梁上翼缘中或腹板中时,推导类似,亦不赘述。

$$M \leqslant b_{ef} x f_c y \qquad\qquad (A-1)$$

式中,$x = \dfrac{Af_y + A_p f_p}{b_{ef} f_c}$,其余符号如图 A-1 所示。

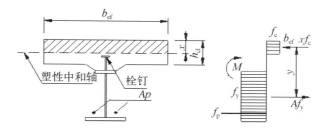

图 A-1　塑性中和轴在混凝土翼板内时的组合梁截面及应力图形

2. 负弯矩区开裂弯矩的计算

按组合梁在负弯矩作用下混凝土顶板所受应力为混凝土抗拉应力设计值时的弯矩为组合梁的开裂弯矩,则开裂弯矩可用以下公式计算:

$$M_{cr} = \left(f_t + \frac{N_p}{A} \right) W + N_p e \qquad\qquad (A-2)$$

式中,A 为将钢材折算为混凝土以后的组合梁等效截面面积;W 为钢材换算为混凝土后组合梁等效截面绕相应轴的关于混凝土板顶的截面模量;N_p 为预应力索中内力,当其等于 0 时相当于普通组合梁;e 为预应力索位置至组合梁弹性中和轴的偏心距。

3. 与试验对比

本附录所导公式经本论文正文试验检验,附合度较好,可用来对实际组合梁正弯矩区承载力和负弯矩区开裂弯矩进行评估。

参考文献：

［1］ 牛斌.体外预应力混凝土梁极限状态分析[J].土木工程学报,2000, 33(3)：7－15.

［2］ 宗周红,车惠民,房贞政.预应力钢-混凝土组合梁受弯承载力简化计算[J]. 福州大学学报,2000,28 (1)：56－61.

［3］ Chen S，Gu P. Load carrying capacity of composite beams prestressed with external tendons under positive moment[J]. Journal Constructional Steel Research，2005,61(4)：515－530.

［4］ 聂建国,陶幕轩.预应力钢-混凝土连续组合梁的承载力分析[J].土木工程学报,2009,42(4)：38－47.

［5］ 中华人民共和国国家标准.GB50017—2003 钢结构设计规范[S].北京：中国计划出版社,2003.

后 记

时光荏苒,岁月如梭,转眼六年过去了。在这期间,导师的教诲、同学的情谊、家人的支持伴随我走过硕士、博士,沉淀为我人生当中最重要的经历与财富,远林永志难忘。

首先,衷心感谢我尊敬的导师——陈世鸣教授。在我六年的研究生生涯中,无论是在学习、生活还是人生规划,陈老师都给予了无微不至的关怀,使我顺利地完成了硕士、博士研究生学业。陈老师为本文指定了方向,为本文的研究奠定了坚实的基础。试验阶段,陈老师时刻关心着试验进展,精心安排试验设备、计划和人员,对试验中出现的关键问题及时予以解决,使我可以顺利完成试验。在本书准备过程中,指导撰写计划,确定研究思路,提出了许多宝贵意见,初稿过程、五版修改乃至最后定稿,导师都仔细审阅,认真考订。陈老师开阔的视野、渊博的知识、严谨的治学态度、实事求是的精神和平易近人的风格使我受益终身。在此谨向辛勤培育我的陈世鸣教授致以最深的敬意与感激。

感谢教研室的伍永飞、陈曦、张鹏、金怀印、王伟、王继兵等博士及王新娣、史晓宇、李金龙、黄宝锋、陆云博士等众同门师兄师弟师妹们在几年的生活学习过程中给予的友情和帮助。

感谢本书各位评阅老师:赵金城教授,邓长根教授、薛伟辰教授、周德源教授、戴冠民教授、童根树教授、蒋丽忠教授所给予的宝贵意见和改进建议,他们的意见和建议使作者受益良多。

感谢岳父、岳母对我的理解和支持,正是他们无私的帮助和关怀使得我的学业顺利完成。

感谢我的父母、伯父。河南农村几十年,他们凭风一样单薄的身体用汗水和着黄土衔就了我和弟弟的经济支柱,他们用最博大、最无私的爱激励着我,让我有勇气接受挑战、面对失败和憧憬希望。

最后,向我的爱人闫蕾、女儿贾子妍致谢,感谢他们对我的理解与支持,正是她们给了我莫大的信心、勇气与力量,时刻激励我坚持着一个又一个的克服与冲刺。

感谢国家自然科学基金的资助。

诚挚感谢所有为本书面世做出贡献的朋友和读者。本书是大家的,远林永远心存感激。

贾远林